卡耐基全集 04

U0651032

人性的光辉

【美】戴尔·卡耐基 / 著

张慧 / 译著

九 州 出 版 社
JIUZHOUPRESS

目 录

第一篇 | **奋斗历程**

第一章　私生女之子 _ 003

第二章　灰色的童年 _ 010

第三章　阅读之乐 _ 017

第四章　从打工到议员竞选 _ 025

第五章　噩梦般的初恋 _ 035

第六章　相恋玛丽·托德 _ 046

第七章　新郎不在的婚礼 _ 055

第八章　道义和幸福的冲突 _ 065

第二篇 | **勇攀人生高峰**

第一章　与众不同的人 _ 073

第二章　"廉价"的律师 _ 083

第三章　悲摧的家庭生活 _ 088

第四章　地狱样的悲伤 _ 095

第五章　密苏里折中方案 _ 101

第六章　和道格拉斯的大辩论 _ 109

第七章　提名总统候选人 _ 120

第八章　告别斯普林菲尔德 _ 125

第九章　活着进入白宫 _ 136

第三篇 ｜ 人生落幕

第一章　困难才刚刚开始 _ 143

第二章　世上最忧伤的总统 _ 150

第三章　盆底塌了，盆底塌了！ _ 156

第四章　总统和他的内阁成员 _ 164

第五章　解放黑奴运动 _ 177

第六章　最恰当的几句话 _ 188

第七章　把慈悲之心遍洒天下 _ 201

第八章　宽容的受降仪式 _ 210

第九章　一生最大的悲剧 _ 214

第十章　福特剧院的暗杀 _ 221

尾声　巨大的悲伤和永远的怀念 _ 232

第一篇

奋斗历程

第一章　私生女之子

据美国历史书记载，第一个把猪、鸭子和纺车带到肯塔基州的人是哈洛德堡的安·麦克金提和她的丈夫，而且，作为妇女，她也是第一个在这片到处弥漫血腥味的野蛮之地上开始制造奶油的。然而，让她真正闻名于天下的还不是这些。

她所创下的一个经济奇迹才让她真正出了名。

印第安人的这片神秘居住区是无法种植棉花的，也没有卖棉花的人来到这里。附近活动着很多狼，居民们养的绵羊常常被它们吃掉，这样一来，制作布料的原料几乎就没有了。天才发明家安·麦克金提来到这里以后，当地丰富的荨麻和野牛资源被她发掘，于是，以荨麻纤维和野牛毛为原料纺织成的布经她研制而出。人们把这种布称为"麦克金提"。

这件事被当地的妇女们得知后，她们经过一百五十多英里的长途跋涉，前来向她学习这项创造性的纺织技术。这些凑在一起纺布的妇女们除了交流手中的布和原料之外，当地人的各种八卦传闻更为她们所津津乐道。没过多久，安·麦克金提的住处似乎成了专供女人们互通丑闻的专业场所。

在当时，人们可以对不可容忍的通奸罪行提出起诉，而婚前生子的行为更加不可宽恕。安·麦克金提感兴趣的事情就是向大陪审团提供少女们失身的资料，也许是因为她从来就没有对生活当中的事情感到新奇和有乐趣，所以她把向法院揭发他人隐私的勾当当成一种生活调剂。安·麦克金提的名字多次出现在哈洛德堡法庭少女通奸案秘密举报人的记录里，当地法庭在1783年春季受理的十七个起诉案件中，有八个是通奸案。

1789年11月24日，大陪审团提交了一封举报露西·汉克斯通奸行为的起诉信。

这样的罪行，这个叫露西的女孩已经不是第一次犯下了。她很多年以前第一次犯下通奸罪是在弗吉尼亚，人们现在对她以前的那些事情都已经记不太清了。

汉克斯家族居住在弗吉尼亚州的拉帕汉诺克河和波多马克河之间的狭长土地上。在这个地方还居住着华盛顿家族、李氏家族、卡特家族、冯特洛伊家族等著名家族。每到周日，贫穷而没有文化的汉克斯家族也和这些名门望族一样去教堂做礼拜。

1781年11月的第二个周日，乔治·华盛顿将军邀请法国将军拉法耶特作为贵宾到教堂去做礼拜。在不久前，华盛顿将军曾经在拉法耶特将军的帮助下俘虏了约克镇的英军司令康华里斯爵士及他的军队。此时百姓们都希望在这里一睹这个法国著名将军的风采。

礼拜的最后一首圣歌结束后，华盛顿、拉法耶特两位将军与从下面走到台前的教徒们接连握手。

拉法耶特将军除了精通战争和政治，还对年轻漂亮的女孩表现出浓厚兴趣，每当他结识有好感的女孩，就会上前问候并献吻。那个周日早上，在教堂里一共有七个年轻姑娘被他献吻，他的这种举动在人们当中激起的强烈反应远远超过了牧师传布福音时得到的回应。而露西·汉克斯就是这七个幸运女孩当中的一个。

拉法耶特将军帮美国打胜仗形成的影响似乎要比他的这些献吻逊色得多。当时，教堂里有一个深知汉克斯家族的贫穷无知的富家子，他是富有农场主的儿子，至今单身，他对拉法耶特将军献吻露西·汉克斯产生出一种另类的看法，他以前是瞧不起露西·汉克斯的，但他发现拉法耶特将军对她有一种特别的热情。

具有军事才能的拉法耶特将军那天对待这位贫穷美女表现出的热情，让这个富贵的单身汉开始用温柔的眼光看待露西·汉克斯。他非常清楚很多地位显赫的美女都有贫苦的经历，她们有的地位甚至还不如露西。最好的例子就是汉密尔顿夫人和杜巴瑞夫人，身为贫穷裁缝女儿的杜巴瑞夫人是私生女，她几乎不认得几个字，可是，在法国国王路易十五背后统治着整个法国的就是这样一个女人。认识到这一点，这个单身汉觉得自己喜欢露西·汉克斯就不那么低贱了。

次日，经过一天的认真思考，他周二一大早骑着马来到汉克斯满是泥土的家中，雇露西到他家当用人。他家里实际根本不缺少人手，他雇用露西只让她在房前屋后做些简单轻松的事情。

在当时，很多弗吉尼亚有钱家庭的男孩都会到英国读书，牛津大学曾经是这个单身汉读书的地方，他家里有很多从英国带回来的珍贵藏书。有一天他去书房看书，看见露西坐在椅子上着迷地看着一本有插图的历史书，手里还攥着一块抹布。

她的这种做法违背了用人的规矩。但是他并没有责骂，而是关上屋门，坐在她身边讲起书上的内容。他津津有味的讲解深深地吸引了露西，然后她竟然出人意料地说想读书写字。

1781年的弗吉尼亚还没有免费学校，这个州的农场主有半数不知道怎么写自己的名字，他们在转交土地所有权时都用画押代替签名。即使在整个弗吉尼亚州心肠最好的人看来，这个女佣提出想去读书写字的想法，即使不被当成造反，也会被认为是荒谬至极。而这个单身汉此时却愿意把她当成自己的学生。每天晚饭结束后，他就在书房里认真地教她认识字母，几天后她就在他手把手的指导下学会了写字。他们就这样在一起学习了很长时间。

那个单身汉的确是一名好老师。露西的笔迹直到现在还被保留着，她写的花体字看不出丝毫拘谨，显得自信潇洒又有生气，个人特色鲜明。她能正确地把"批准"这个词写出来，而在当时，即使乔治·华盛顿这样的人都可能会拼错单词，这样看来，露西的学习成绩算是说得过去了。

夜晚，壁炉里的火苗闪闪发光，月亮缓缓爬上树梢。露西和单身汉老师的课程结束后肩并肩坐在书房的桌子前——她爱上这位老师了。在之后的几周里，她控制不住自己吃不下饭睡不好觉的忧愁，向他说出自己已经怀孕的事实。他的确曾经有娶她为妻的想法，但是，他最后还是在家庭、朋友和社会地位等诸多因素面前低下了头，况且，他对露西的新鲜感也已不复存在。于是，露西被他用一笔钱打发了。

随着时间的流逝，有关露西的风言风语开始流传开来，那些说三道四的人还极力躲避她。一个周日早上，她去教堂时带上了自己的私生女，这立刻引起了骚动。那些正在做礼拜的的女人十分气愤地要求这个"娼妇"离开教堂。

露西的父亲不忍心看到女儿生活得这样委屈，于是，老汉克斯把全家仅有的一点财物装进篷车，他们经过康伯兰山脚下长满荒草的小路，来到肯塔基州的哈洛德堡定居下来。因为在这里没有人知道他女儿过去的事情。

露西的魅力并没有因为来到新的地方、过着艰难的生活而有所减少。她美丽的容颜依然散发着光芒，很多男人们想方设法地接近并讨好她。不久她再一次坠入爱河，可是被抛弃的悲剧也再次重演。这又让一些人产生了兴趣，没过多久，消息就传到了安·麦克金提家。

露西就是这样被安·麦克金提告发而被大陪审团以通奸罪起诉的。可是在起诉过程中警察长根本没把这种破事儿放在心上，他把传票塞到口袋，带领手下的人上山打猎去了。这件事情发生在1789年的11月。

之后又有另外一个女人于1790年3月再次向法院举报露西的罪行，并要求法院让露西承担罪行并付出代价。可是露西却大胆地撕碎了法院开出的传票，并把纸屑全部扔在送信人的脸上。法院计划在5月份开庭审理这个案子，然而在一个年轻人的大力支持下，露西最终没有走上法庭。

"露西，我没有兴趣关注外面的传闻，对我来说这些都无所谓，我愿意娶你为妻，因为我爱你。"这个名叫亨利·世帕罗的年轻人对露西说。

但是，露西不希望别人认为自己是被逼无奈才与世帕罗结婚的。她说："亨利，一年后再让我们做决定吧，我要让每个人都明白，普通的生活也属于我。如果你那时还爱着我，我会和你结婚的，我会等着那一天到来。"

亨利·世帕罗于1790年4月26日领到结婚许可证，从此再没有人提起传票的事情。一年之后，他和露西结婚了。

安·麦克金提等人都坚定地认为他们的婚姻不会维持很久，亨利·世帕罗和露西商量，一起离开此地搬到更靠近美国西海岸的地方，但是露西坚决不同意。她说自己没做坏事，没有逃避的必要，决心一直生活在哈洛德堡。

她说到做到，一直和世帕罗住在哈洛德堡，并把他们的八个孩子抚养成人。她的两个儿子长大后成为牧师，而她私生女的儿子长大后竟然成为美国总统，他的名字叫亚伯拉罕·林肯。

以上着重介绍了林肯家族里和他辈分较近的长辈。林肯非常敬重自己的外公，他受过很好的教育，有文化、有教养。

林肯与年轻时的伙伴威廉·H·荷恩合作创办的律师事务所曾经营了二十一年。威廉·H·荷恩于1888年出版的一套三大本的《林肯传》第一册第三页到第四页当中有这样一段话：

我记得林肯先生只有一次和我说起他的身世以及他的长辈。那应该是在1850年，我们乘坐他的小马车前往伊利诺伊州的梅纳德郡去处理一个与遗传问题相关的官司。在前往法院的路上他说起自己的妈妈，说她是露西·汉克斯和弗吉尼亚一个农场主的私生女，他觉得自己与家族里其他后辈的不同之处是在思维能力和进取心方面，他觉得私生子在智力和体力方面要强于其他孩子。他说自己的能力要归功于他的外公。他想起自己已经去世的妈妈小声叹了口气，说道："愿我的母亲受到上帝保佑，我所拥有以及渴望拥有的全部都是母亲给予我的。"

在那之后的路程中马车一直颠簸着向前奔跑，我们都沉默着，再没有说一句话。他回忆起往事神情显得悲哀。他仿佛要把自己封闭起来，我没有打破那种氛围的胆量。他的话以及悲伤的神态让我印象深刻，我会永生难忘。

第二章　灰色的童年

　　林肯的舅妈和舅舅把林肯的妈妈南施·汉克斯从小抚养到大。也许南施从来没有受过教育，不然她不会在签署文件的时候总是用画押来代替签字。

　　南施很少有机会认识朋友，因为她的家在茂密森林的深处。她和整个肯塔基州最粗俗的托马斯·林肯结婚时二十二岁。托马斯·林肯极度缺乏教养，生活靠接零活和打猎维持，住在森林深处的人们把"流浪汉"这个称呼送给了他。

　　一事无成的汤姆·林肯整天东游西荡，他只有在饥饿的时候才会随便找份工作混口饭吃。他做过修路、伐木、打猎、种地、盖房子等工作。据说政府曾经三次以每小时六美分的价钱雇用他看守监狱，他在看管犯人的时候还端着猎枪。

　　不知道他对金钱是什么概念，十四年都居住在印第安纳州的一个农场里，却付不起每年十美元的土地租金。他穷得底朝上，以至于他们家穿的衣服都是他妻子用野荆棘缝补的，因为没钱买线。而他花钱从来没有计划，他会在肯塔基州伊丽莎白城商店里赊一条丝绸腰带，用不了多长时间他又会在拍卖会上花三美元买一把剑。他穷得叮当响却总喜欢买些用处不大的东西，这让他的妻子非常绝望。

被人称作汤姆的托马斯在结婚后不久打算做木工活挣钱维持生活，因此搬到了城里。他承接了一份为人家建造磨坊的差事，但是他的技术实在太差了，不是把木头锯得歪歪扭扭，就是不合乎尺寸，因而无法从雇主那里得到工钱，为此他还把雇主三次告上法庭。汤姆意识到自己从小在森林里长大，要想发挥浑身力气只能回到森林里，于是，他和妻子一起重新返回森林附近，在一个贫瘠的农场定居，并且再也没有离开过那里。

有一片宽阔的土地距离伊丽莎白城很近，那里没有一棵树。早先它也曾是茂密的森林，后来被世世代代居住在这里的印第安人一把火烧掉了所有树木，他们把这里变成了农场。人们饲养的美洲野牛在阳光普照的草地上快乐地繁衍生息。

1808年12月，这片土地上的一块农田被汤姆以每英亩六十六美分的价格买下。一座由猎人搭建的简陋小屋坐落在这块农田里，很多野生山楂树生长在小屋的四周，诺林溪向南的支流位于半英里之外。到了春天那里遍地开满山茱萸花，到了夏天则变成一望无际的绿色海洋，茂盛的青草随风轻轻摇摆，天空中老鹰在缓缓地盘旋，但是到了冬天，这里就成了整个肯塔基州最缺少生气的一个地方。

1809年冬季的一个周日，在这座猎人搭建的小屋子里，亚伯拉罕·林肯出生了，他出生后躺在铺着玉米皮的木床上。当时正值2月，屋子外面是冰雪天地的一片银白色。雪花被凛冽的寒风从木屋的缝隙吹进屋子，飘落到林肯和妈妈盖着的熊皮上。九年之后，艰难的生活终于夺走了林肯的妈妈南施年仅三十五岁的生命。她这一辈子不但没有享受过任何幸福，而且不管她走到哪里总是有人在背后骂她是私生女。后来百姓为了表示对她的感谢，在她生下亚伯拉罕·林肯的地方用大理石修建了一座圣堂。然而令人遗憾的是，这些是她生前根本无法看到的。

当时，流通的纸币在那些荒蛮地区价格会有很大的波动，所以，当地的人们进行交易时往往用猪、鹿、火腿、威士忌、树狸毛皮、熊皮和农产品代替货币。教徒们有时候为了酬谢牧师会把威士忌当作礼物。林肯的父亲汤姆用他的农场换了四百加仑威士忌，带着全家来到了印第安纳州的荒芜林场，那里到处生长着密集的植物，必须用刀砍出一条路才能通行。周围只有一个捕熊的猎人离他们最近。后来丹尼斯·汉克斯把这里称为"丛林礼赞"之地，亚伯拉罕·林肯人生当中的十四年将要在这里度过。当时是1816年的秋天，亚伯拉罕七岁。

这时已经开始下雪了。林肯一家到达目的地的时候，汤姆赶忙搭了一个类似帐篷、没有地板和门窗的棚屋，它只有三面墙壁而另一面大大敞开着，用圆木和灌木搭构成屋顶，棚屋随时都被夹着雪花和冰碴的寒风吹打着。在冬天，印第安纳州的农民甚至都不愿意用这样简陋的屋子来养牲口，然而，汤姆一家在1816年到1817年的漫漫冬季却一直居住在这个棚屋里，林肯的冬天是那么寒冷又难熬。

棚屋里，南施和孩子们像小狗一样躺在铺着树叶和熊皮的角落里缩成一团，他们的食谱里没有水果蔬菜、牛奶鸡蛋，甚至连土豆也没有，他们只能吃汤姆猎到的动物和外面树上掉下来的坚果。

托马斯·林肯养过几头猪，然而被附近饥饿的野熊活活吃掉了。幼小的亚伯拉罕·林肯在这里的多年生活甚至比后来被他解放的那些黑奴还要贫穷和艰苦。

南施时常牙疼。这里的人们几乎不知道有"牙医"这个职业，离他们最近的医生也在三十五英里开外，因此，南施牙疼的时候就把牙敲掉，让汤姆帮她把胡桃木钉的尖顶在坏牙上面，用石头使劲敲打钉子头。她的这种治疗方法甚至连当地的拓荒者都没用过。

在美国开始中西部拓荒的时候，就有一种名为"牛乳症"的怪病折磨着那些拓荒者。染上这种病的牲畜只能死掉，而如果人感染上这种病，也会一个个相继死去。关于这种病的起源一百年以来一直是个谜，医生也毫无办法。科学家们在20世纪初期才发现产生这种怪病的原因，动物吃了一种白蛇草而中毒发病，人喝了含有毒素的动物奶汁也会染上了这种病。这种白蛇草遍布在长满树的峡谷和牧场每个角落，时至今日一些生命还在被它威胁着。为了防止这种植物威胁人们的生命，伊利诺伊州农业部门要求农民根除这种可怕的植物，因此每年都要在法院门口张贴布告。

1818年的秋季，印第安纳州的鹿角山谷有很多人因染上"牛乳症"而死去，这种病也传染了离林肯家最近的邻居——猎人的妻子，她发病几天后就死了。林肯的母亲南施在她生病那段时间前去照顾她，因此南施不久后也染上了这种病。她头晕肚子疼痛而且呕吐不止，丈夫把她背回家放在破烂的树叶和熊皮上。她的身体里感觉好像有火在燃烧，口干舌燥的她不停地喝水，可是手脚却凉得像冰块。

非常迷信的汤姆在南施生病后的第二天夜里，听到有一只狗在他们屋子外不停地嚎叫，他认为这是南施临死前的征兆，因此他放弃了救治南施的所有希望。

南施被病痛折磨得抬不起头，说话没有一点力气，她临死前吃力地抬起手，把一直守在她床边的亚伯拉罕姐弟俩叫到自己身边，告诉他们姐弟俩在未来的日子里要友好相处、互相帮助，不要忘记她平时教给他们的道理，要对上帝怀有敬畏之心。

说完遗言的南施就再也没发出任何声音，她的身体渐渐失去了知觉，一直昏睡了七天，便永远地离开了这个世界。那一天是1818年10月5日。

为了让妻子瞑目，汤姆在她两个已经合上的眼皮上各放了一枚硬币，然后又把从森林里砍来的木头切割成歪歪扭扭的木板，再用这些木板做成简陋的棺材，最后他把命运悲惨的妻子放进棺材。

他两年前用雪橇把全家人拉到了这个地方，现在他把自己妻子的尸体又用雪橇拉到更深的林子里去埋葬，而且没有举行任何的简单仪式。

就这样，亚伯拉罕·林肯的母亲离开了人世，后来人们连她的相貌和性格都无从知道。她在荒凉偏僻的密林深处度过了短暂生命里的大部分时光，在那里她很少和人见面，所以对她的印象几乎没有人能说清楚。林肯去世后不久，有个专门撰写传记的作家曾去访问了极少数见过南施并且还健在的老人。那个时候她已经去世五十多年了，人们说起她就像回忆梦中的黑白电影，要想把长相说清楚都很困难。有的人说她矮胖健壮，还有的人说她瘦小单薄；她的眼睛有时被说成黑色的，还有时被说成浅棕色的，也有人认定是蓝绿色的。她有个表哥名叫丹尼斯·汉克斯，他们曾经在一起生活十五年，他开始时说她的头发是淡色的，而再次回忆时又改口说是黑色的。

在她去世后的六十年里，没有人为她竖立一块碑，直到现在人们才知道她的坟墓在她的舅舅和舅妈的坟墓旁边，但是不清楚三座坟墓中的哪一座是她的墓。

南施死前不久，汤姆刚刚新盖了一个有四面墙的小木屋，虽然依旧没有地板和门窗，但是他用一块肮脏的熊皮挂在门口，屋子充满了腥臭味，一点亮光也不能照进来。汤姆大部分时间都在密林里打猎，留在家里的只有亚伯拉罕姐弟俩，他们只好自己照顾自己。姐姐负责做饭和看管炉火，挑水要到一英里外的小溪。因为没有餐具，他们吃饭就直接用手抓。他们的手总是脏兮兮的，因为挑水太远又没有肥皂来洗手。他们原有一些肥皂是南施活着的时候自制的，可是她做的那些肥皂不久就用完了，姐弟俩不会做，汤姆又懒得做，所以，他们的生活只能越来越肮脏。

他们在漫长的寒冬里穿着脏衣服，也从来都不洗澡。树叶和破烂肮脏的熊皮铺在床上，阳光不能照进他们的小屋子，照亮只能用炉火或者油灯。

只要查看关于那时候的屯垦区情况的文字记载，就能知道没有女人操持的林肯家是什么状况，也能够想象出臭味满屋、到处都是跳蚤和蟑螂的样子该会多么悲惨。

一年后，这种没有女人操持的生活让汤姆再也无法忍受，他打算再找个老婆来改善他们的生活状况。

汤姆十三年前曾经在肯塔基州向莎拉·布希求婚而没有成功，她嫁给了哈丁郡的一个监狱看守。那个看守后来死了，把三个孩子和一大笔债务留给了她。汤姆觉得这是再次向她求婚的绝佳机会。于是他跳进小溪里去洗了个澡，把手上和脸上的污垢用沙子搓掉，把宝剑别在腰间，穿过茂密的森林回到了肯塔基州。在伊丽莎白城他先去买了条丝质裤子，然后把新裤子换上，哼着小曲去找那位莎拉·布希。

那时是1819年，世界在那一年正发生着变化，各种各样的新鲜事接连不断地上演着，人们到处都在谈论着这些改变。一艘轮船在那一年横跨了大西洋，成为人类历史上的一个创举。

第三章　阅读之乐

林肯开始学习认识字母时已经十五岁了，他在学习中遇到很多困难，但是基本上可以读一些简单的文章，而还没有达到自己写东西的程度。1824年秋天，有个在密林里流浪的老师沿着鸽子溪来到这片屯垦区，随后在这里建了一所私人学校，林肯姐弟就是从这个学校开始读书的。姐弟俩每天早上去阿策尔·多尔西老师的学校学习要从密林里的小路步行四英里路程，晚上放学回家再步行四英里。多尔西老师认为只有大声朗读的学生才是在认真学习，他在教室里到处巡视，用教鞭拍打不张开嘴巴的学生。所以，每个学生都卖力地朗读，声音一个比一个大，这种琅琅的读书声从很远的地方都能听见。

林肯只穿一套衣服去上学，他戴的帽子是松鼠皮做的，穿的马裤是鹿皮做的，特别短，有一段小腿露在外面，任由风吹雨打。

学校教室是矮小简陋的小屋子，老师必须弓着身子站立讲课，每面墙壁上都少安放一块圆木，然后在空隙处糊上油纸作为窗户，用劈开的圆木做成了地板和椅子。

　　《圣经》的部分章节是学生们在课堂上的主要学习内容，华盛顿和杰斐逊的笔迹是学生们练习写字的范本。林肯的字写得很漂亮，清晰的字迹很像那两个总统的笔体，得到许多人的夸奖，有时附近那些不会写字的邻居会步行几英里，来请林肯帮忙代笔写信。

　　林肯的读书兴趣越来越浓厚，他觉得课堂上的学习时间太少了，每天放学回到家里他还要继续练习功课。纸是当时非常稀缺的东西，而且价格不菲，他就在木板上用炭条当笔写字。他们家住的木屋是用劈开的圆木建成的，林肯演算数学题的纸就是被劈开的圆木平面，当他在上面写满后，就用刀刮掉一层木皮，继续在上面写。

　　因为家里太穷，他没有钱买数学课本，就把从别人手里借的书本内容抄写在信纸般大的纸上，再用麻线把抄写后的纸缝成一个本子，于是他就有了一本自制的数学书。林肯去世后，他当年抄下的一些书页还被他的继母保留着。

　　有别于其他孩子的一些特质逐渐在林肯身上体现出来。他开始把自己想到的一些东西用笔写下来，偶尔会写几句诗歌，他把自己所写的东西拿给邻居威廉·伍德看，并求得他的指教。他把自己写的诗歌背诵给别人听，受到人们的好评。他写的一篇关于国家政治的文章得到一位律师的欣赏，并愿意帮忙推荐发表，林肯的《论自我克制》一文曾被俄亥俄州的一家报纸刊登出来。

　　当然这些事情都是很久以后才发生的，林肯读书期间的第一篇作文写的是朋友们在娱乐时表现出的残忍：林肯和朋友们那个时候喜欢把抓乌龟当成游戏，他们抓到一只乌龟后，就把燃烧的煤炭放在乌龟壳上，这对他们来说好像能获得极大的乐趣。但林肯认为这样做太残忍，他请求大家停止这种行为，并且他还光着脚踢掉乌龟壳上燃烧的煤炭。他的这篇作文就是呼吁人们不要残忍地对待动物，由此不难看出，他那颗怜悯之心是多么善良。

四年后，林肯转到另外一所学校学习，但那里不是连续地授课，他把这种学习方式称之为"一点一滴地积累知识"。

直到林肯结束正式教育经历，他一生中总共只有不到十二个月的在校时间。林肯在当选美国国会众议员填写履历表时，"不全"二字是他填在"教育程度"一栏里的内容。

被提名为总统候选人后，林肯曾这样说过："现在虽然我的年龄已经不再年轻，但还是有很多知识需要学习。我小时候学的知识只是会读书、写字、算数而已。我所接受的正式教育从那以后就结束了。遗憾的是我上学的时间太短了，如果说现在取得了一点成绩，那也是我意识到知识不可或缺，然后凭借不断的自学逐渐积累的。"

那些曾经教过林肯的老师全是些四处流浪没有什么知识的人，他们信奉巫术但不相信地球是圆的。在持续不断的自学道路上，林肯培养出不懈追求知识的宝贵品质。即使在大学接受教育，人们所得到的也不过就是这些最基本的东西。

阅读让林肯发现了另一片自己从未见过甚至从未想象到的奇妙天地。从此他的人生之路发生了重大转变，他意识到世界上很多东西是他不了解的，从此，他一生最大的嗜好就是阅读各种各样的书籍。

知识打开了他的眼界，给他带来了梦想，前进有了方向。他得到了继母赠送的五本藏书，分别是《圣经》《伊索寓言》《鲁滨逊漂流记》《天路历程》和《水手辛巴达》。小林肯把这仅有的五本书当作宝物，翻来覆去地反复阅读。为了方便随时翻看，他把《圣经》和《伊索寓言》放在随手可以拿到的地方。受这两本书的影响，他后来的写作风格、说话的语气以及他对事物的看法和观点都与它们接近。

当然这五本书不会让林肯感到满足，他希望扩大自己的知识面，而苦于没钱买书，他只能从他人手里借图书和报纸阅读，也不管是什么印刷品，只要是有字的他都想拿过来读一读。当他来到俄亥俄河下游，他从那里的一位律师手中借到了《印第安纳法典》修订本，后来又读了《独立宣言》和《美国宪法》。

林肯借书阅读已经到饥不择食的地步，任何人手里只要有书他都会借。林肯经常帮助一个农民做些挖树墩或是种玉米之类的零活，他毫不客气地把这个人手里的几本名人传记也借过来阅读了，其中就有一本是威姆斯牧师写的《华盛顿传》。林肯被这本书吸引到如痴如醉，每天读到晚上天黑看不清字时，才恋恋不舍地合上书本，然后把它保存在圆木的缝隙里，当第二天清晨的第一缕阳光刚刚照进屋子，林肯又迫不及待地爬起来继续阅读。有一天这本书被突降的暴雨淋湿了，林肯没有钱来赔偿，只好无偿为人家割草捆草，连续干了三天。

在林肯借阅的众多书本中，可以说《斯科特教材》是对他帮助最大的。林肯通过阅读这本书，知道了古罗马的雄辩家西塞罗，莎士比亚著名戏剧中的经典台词也让他受益匪浅，这本书还让他懂得了在公共场所演讲要注意方法。

他经常手里捧着《斯科特教材》在树下来回踱步，哈姆雷特对伶人的叮嘱被他读得绘声绘色，他充满感情地背诵着安东尼在恺撒遗体前的演说："我的朋友们、罗马同胞们、乡亲们，请你们记住：我不是为了赞美恺撒而来到这里，而是要埋葬他。"

每当林肯看到某一段精彩的话，他都要立即记下来，如果手头没有纸张，他就把这段话用粉笔抄在木板上。他后来自制了一个简易的小本子，把他早先记录的句子都誊写到上面。后来他无论走到哪里都随身带着这个摘抄本，一有空闲就拿出来阅读，许多诗篇和演说词就这样被他记得滚瓜烂熟。

林肯即使在田里干活也要带上书本，他让马在谷堆后面睡觉，自己则躺在围墙上读书。他们的午餐是玉米饼，他不与家人一起享用午餐，而是坐在草垛上边吃边看书，二郎腿高高地跷着，读起书来那么津津有味。

林肯想从律师那里学习辩论技巧，所以他会步行十五英里到河边城镇的法院去旁听案件审理。当他和人们在田里一起干活时，他有时会放下工具，爬上高高的围墙，站在那里背诵从洛克港或布恩维尔的律师那听到的精彩辩论词。此外，脾气古怪的洗礼派牧师在小鸽溪教堂礼拜时做的演讲也是他喜欢模仿的对象。

在田里干活时，林肯还经常随身带着《奎恩笑话集》，当人们干活累了围坐在一起休息时，他就坐在中间的圆木上念笑话逗引大家开心，这个时候人们的欢声笑语会传遍整个森林。可是，他这样讲笑话也影响了农活的进度，大家都沉迷于他的笑话而不愿干活，导致田里长出很多杂草，麦子发黄都没有及时收割。

雇主经常责骂林肯是个懒惰得"不可救药"的家伙。林肯对于这样的责怪倒是坦然："我爸爸只教我该怎么干活，可从没教过我该怎么喜欢干活。"

林肯终于把父亲老汤姆惹怒了，他下令要林肯不许再做那些蠢事。然而，这种命令似乎没有效果，林肯在田里干活时依然不停地演讲或者念笑话。老汤姆情急之下，当着众人的面把林肯给揍了。林肯伤心地哭过之后一句话都没有说。从此，林肯和他父亲之间的隔阂便形成了，这种隔阂一直到老汤姆去世都没有消除。虽然林肯资助过晚年的父亲，然而在1851年，林肯拒绝了前去看望病危的父亲。林肯说："不见面可能会更好些，如果我们现在见面，也不一定能和睦相处，还有可能会产生更大的矛盾，那会让我们都更加难过。"

"牛乳症"于1830年的冬季再次暴发，死亡的气息又一次弥漫在印第安纳州的鹿角山谷里。

整日担惊受怕的老汤姆计划再次搬家，他妥善安置了自家的猪和谷子，把满是树木的田地以八十美元的价格卖掉，亲手制作了他有生以来的第一辆笨重篷车，在里面装上全部家具和家人。林肯用皮鞭驱赶着拉篷车的公牛，朝着伊利诺伊州一座被当地的印第安人称为"山嘉蒙"的山谷驶去。"山嘉蒙"的意思是"盛产粮食之地"。

车子发出吱吱呀呀缓缓前行的声音，他们从印第安纳州的山丘翻过，在茂密的森林里穿行，把车轮的印迹留在了伊利诺伊州大草原荒凉的无人区。那是大地被烈日炙烤的夏季，荒原上因缺少水分而枯萎的野草高达六英尺，足有两个星期他们一直行进在这样的环境中。

林肯在达文生尼斯平生第一次见到印刷厂，那个时候，他已经二十一岁了。

来到狄卡特，林肯一家临时搭了个营帐，住在法院的广场上。林肯再次来到当年他们停放篷车的地方已是二十六年后，他深有感慨地说："那个时候，我真的没有想到，自己将来会有当律师的资格。"

荷恩在《林肯传》中这样写道：

　　林肯先生曾经把他那次搬家的经过说给我听。他说，当时白天的高温天气把路上的积雪都融化了，可是到了晚上寒冷的天气又把融化的积雪再次冻上，人和车在路面行走非常艰难。而且一路上还有牛群要赶着一起走，更加困难。因为无人区都没有建桥，他们遇到河只能蹚水过去，不然就得绕道而行。有一次，大家过河后发现把一只随行的小狗留在了对岸，不敢过河的小狗急得又跳又叫。没有人愿意再返回去救一只狗，因为前面的路还很长，而且人们都很疲惫，于是大家决定继续前进，不去管它。

林肯回忆起这件事，讲道："然而我不忍心看着它留在那里，于是我脱下鞋子和袜子，蹚过河水去对岸把那只正在哆嗦的小狗抱起来追上大家。这样做我虽然辛苦一些，但是当看到那只无助的小狗感激的神情，我对自己的付出还是感到高兴。"

当林肯一家艰难地行进在荒原上时，美国国会正在激烈辩论州政府退出联邦政府的权利问题。有一篇演说是参议员丹尼尔·威伯斯特在辩论中发表的，他站起身来用他那低沉但富有穿透力的声音慷慨陈词，每个人听后都深受感染。后来，林肯把这篇题为《威伯斯特答海涅书》的演说称为"美国最富激情的演说"，并把它当作演说范本不断揣摩学习。林肯对这篇演说的结束语极为推崇，并当成自己的政治座右铭："自由与团结不可分离，永远一致！"

当时没有人会想到，美国的分裂问题一直到三十多年后才得以解决，威伯斯特、克雷、卡豪恩这些当年的大人物都没能解决这个问题，而彼时正在荒原上赶着牛车前行的一个穷小子做到了。此时，头上戴着狐狸皮帽子的他，下身穿着鹿皮做的裤子，在赶车人的位子上坐着，放开嗓子大声唱道：

"欢笑的天堂！哥伦比亚，万岁！

"如果你喝得不痛快，那我可真是罪过。"

第四章 从打工到议员竞选

林肯一家新的定居地点在伊利诺伊州狄卡特旁边的一片林地，断崖围绕在林地四周，从那里向下望可以看到山嘉蒙河。

刚搬过来的那一年，林肯在家里帮着干些杂活，砍树、劈柴、盖屋子、搭篱笆、清除灌木和杂草，十五英亩用来播种的田地是他赶着两头牛开垦出来的。

第二年，他跑到附近的农夫们那里去当佣工，为他们干些杂活，比如耕地、耙草、宰猪、劈木头条……

他们搬迁过来的第一年冬季，伊利诺伊州就被前所未有的严寒侵袭了。十五英尺厚的积雪堆在草原上，很多抵抗不过寒冷袭击的牛、野鹿和野火鸡都纷纷死掉了，甚至连人都在劫难逃，有些活活被冻死。

这个冬季，林肯打算给别人当佣工，因为给人劈一千根木材，就可以换到一条用白胡桃树树皮染成的棕色牛仔裤。他每天去干活要走三英里的路。有一天，他划着独木舟横渡水流湍急的山嘉蒙河时，不料独木舟被意外冲翻了。他掉进了冰冷的河水中，刺骨的河水把他的双脚冻僵了，但他坚持着继续往前走。但是，他的双脚在还没有走到离得最近的瓦尼克少校家时就再也走不动了，因为它们已完全失去知觉。那之后的一个月，他只好住在瓦尼克少校家，因为他不能用那冻伤的双脚走路。他躺在火炉前借烘烤伤脚的机会给大家讲故事。利用这段时间他还读了一本《伊利诺伊州法规》。

林肯在少校家的那段时间，喜欢上了他的女儿，并尝试追求她，然而少校却不同意，他觉得这个为他家劈柴的年轻人笨手笨脚、没文化也没有财产、还没有前途，他的想法无异于痴人说梦，他们瓦尼克家族的女孩是不会下嫁给他这样人的。

是的，林肯的确没有财产，也没有自己的土地，但是他的内心就根本不想拥有土地。他对二十二年的土地耕种生活已经产生反感，他的心里早就想尽快摆脱目前的生活，做些自己想做的真正的大事，以便开拓更为广阔的交际面，而不是像现在这样枯燥而寂寞地在田地里整天抡着锄头过日子。他想做一份让自己有脸面的工作，像他为人们讲故事那样，能给人们带来欢乐。

以前，林肯曾经为别人干过把平底船顺流漂送到新奥尔良的活儿，他那时还居住在印第安纳州。他非常喜欢这个有挑战性又有趣的工作，他希望还能找到类似的工作。然而，一天夜里，林肯他们的船被一群黑人歹徒举着刀和木棍抢劫了，这伙恶人扬言要把船员全部杀死并把尸体扔进河里，然后驾船漂到新奥尔良的匪徒窝去。

林肯和船员们没有害怕，大家一起同歹徒搏斗。有三个歹徒被体格强壮的林肯举起一根木棍打进河里，剩余的几个匪徒惊惶失措地逃上了岸。林肯的额头被一个歹徒砍了一刀，一道深深的伤疤留在了右眼上方，他一辈子都带着这道伤疤，一直到他去世。

老汤姆现在已经知道再也无法逼迫自己的儿子长久死守在农田里了。

林肯和他同父异母的兄弟以及几个远房亲戚在河边找到了一份工作。他们把砍伐下来的圆木劈开放进河里，这些木材会顺着河流漂到锯木厂去。锯木厂再用这些木材制造出长达八十英尺的平底船，然后在船上装满腌肉、玉米和猪运到密西西比河下游。这份工作可让他们每天除了固定的五十美分外，还能挣到提成。

林肯有时在船上负责开船；闲暇时他会为大家做饭、讲故事；在别人玩纸牌时他在一旁帮忙记分；在大家疲惫时他会唱歌给大家听。他曾经这样唱道："自以为是土耳其人，目中无人戴着头巾，卷曲胡子他很骄傲，除了自己看不起人。"

让林肯难以忘记的重要经历中就包括在河上漂流的这段生活。荷恩的《林肯传》中这样写道：

在新奥尔良，林肯第一次亲身体会到奴隶制度的恐怖，黑奴被用铁链捆绑遭受鞭刑是他亲眼看到的。正义感强烈的林肯对这种极不人道的行径极为愤怒，心地善良的他把自己的所见所闻都深深记在心中。林肯的朋友这样说："奴隶制度的刀子，从那时候开始就在他脑海里刻下了痕迹。"一天清晨，林肯在街上和两个同伴一起散步时，他们从一家拍卖奴隶的市场路过，看到那里正在拍卖一个身体健康、五官秀美的黑白混血女孩。她在接受买主们的全面检查，她被人用力拧身上的肉，疼得满屋乱跑，像匹小马一样，这是那些买主在验证她是否健壮。

林肯看到这种令人恶心的情景，心中的憎恶情绪无法控制，于是匆匆离开，这种情景他再也不想看到。他对同伴们说："上帝啊，别让我们看到这种鬼地方吧。如果有机会，我一定要让那些交易消失。"

雇主丹顿·奥福特先生对林肯倍加欣赏，林肯讲故事或者念笑话他都喜欢听，他尤其对林肯诚实守信的作风赞赏有加。奥福特先生有一间用圆木搭建的杂货店位于伊利诺伊州的纽沙勒镇，林肯被这位先生聘为店员。位于山嘉蒙河上游高地的纽沙勒镇长年多风，小镇上的建筑物只有十五到二十间的小屋子。林肯在那里用六年时间管理一家谷粉厂和一家锯木厂，这段时光对他后来的生活意义深远。

在纽沙勒镇，一群粗暴、凶残、好斗的地痞流氓被当地人称为"克拉瑞丛林帮"，他们吹嘘自己的帮派在全伊利诺伊州酒量最大，最会骂街、打架、摔跤。其实，这些人并不是坏人，他们内心忠厚、胸怀宽广、同情弱者，只是喜欢争强好胜、爱出风头。因此，当他们听到多嘴多舌的丹顿·奥福特先生在众人面前大力赞赏自己的雇工林肯时，就下定决心要让林肯尝尝他们"克拉瑞丛林帮"的厉害。

"小力士"林肯在比赛结束后取得了短跑和跳远两个项目的胜利。这还不是林肯最擅长的项目，如果比赛投大锤子或者掷炮弹，他那两条又长又健壮的胳膊肯定能毫不费力地战胜对手。况且，他讲故事也同样身手不凡，他讲的各种丛林趣闻能把大家逗得笑上几个钟头。

那天下午，纽沙勒镇的居民聚集在橡树下观看林肯和"克拉瑞丛林帮"首领杰克·阿姆斯的摔跤比赛，结果林肯获得了胜利。从此"克拉瑞丛林帮"这伙人在林肯面前甘拜下风，之后他们总是请林肯担任赛马或者斗鸡活动的裁判。当林肯遇到经济困难时，他们会争先恐后地前来帮忙，有时还会把林肯请到家里。林肯在纽沙勒镇渐渐树立起很高的声望。

多年来，林肯一直希望能够克服惧怕在众人面前发表言论的心理，这种求之不得的机会他在纽沙勒镇遇上了。先前他在印第安纳州于穷困中挣扎的那些日子，和他说话的只有在田里干活的农民。而在纽沙勒镇，林肯参加了一个独立的文学社团，这个社团的成员每到周六傍晚都要在鲁勒吉酒店的餐厅聚会，人们畅所欲言地谈论文学。

林肯加入文学社团后没多久，就成为社团里的活跃分子。除了在聚会时给大家讲故事、朗读自己写的诗歌外，还就时事发表评论，所涉及的话题从山嘉蒙河的航运到政治时事，几乎涉及了所有他能想到的问题。

这种活动不但让林肯获得了宝贵的经验、增长了见识，还让他增强了自信。他发现自己的演讲能够对他人产生影响，因此他对未来也渐渐增添了勇气。

之后林肯计划参加州议员竞选，当地教师曼塔·格拉汗利用数周时间帮他起草了他人生中第一篇公开演讲稿。内政、航运、教育、司法等方面都包括在演讲的范围之内。

林肯的这篇演讲稿结尾是这样说的：

> 我在社会的底层出生，现在前来参加竞选，没有亲戚可以帮助我，但是，我对失望也不会特别在意，即使我得不到诸位的认可，我也不会因此而怨恨，我会继续努力。

过了几天，一位骑士把一个令人震惊的消息带到纽沙勒镇：印第安萨克族恶贯满盈的"黑鹰"大酋长率领着他的手下，一路烧杀抢夺，正沿着洛克河行进，极有可能杀向纽沙勒镇。

人们被这个迅速传播开来的消息弄得惊慌不安，雷诺州长号召组建志愿军。没工作又没名气的林肯以公职候选人的名义报名应征，他从军一个月就升任了队长，负责训练"克拉瑞丛林帮"。"克拉瑞丛林帮"的成员在训练中经常以一句咒骂"去你的"来回应林肯的命令。

荷恩说，林肯把参加抵抗"黑鹰"的战役当成了假期里的休闲冒险游戏，事实也确实如此。林肯在后来的国会演讲时宣称，他从来没有攻击过印第安人，或者说根本就没有见到过印第安人，只是"和野葱头打斗过"，或者"有很多次和蚊子浴血奋战"。

林肯再次着手他的竞选是在那次战役结束后。他前往每一户人家拜访，向他见到的每个人问好致意，在聊天过程中他的观点得到他们的赞同；只要见到人们聚集在一起，他就要趁机凑过去演讲一番。

选举的日子很快就到了，在一共收到的208张选票中，林肯的名字出现了205次，即便如此，最终林肯还是落选了。

两年后，他又一次参加竞选，终于实现了成为伊利诺伊州众议员的愿望。他特意借钱购买了一套新衣服以体面地去议会工作。

从那之后，林肯分别在1836年、1838年和1840年的竞选中，连续三次当选。

当时，纽沙勒镇有个一事无成的人，名叫杰克·基尔索。他不在乎妻子为了挣些小钱而招揽房客，他每天不是钓鱼、拉琴，就是念诗。在纽沙勒镇大部分居民的眼中，杰克是个失败的人，可是林肯却对他非常欣赏，俩人成为无话不谈的好朋友，林肯受杰克的影响很大。

和杰克结识之前，在林肯的头脑中莎士比亚和伯恩斯的名字非常普通，没有什么特殊的含义。然而当林肯听了杰克朗诵的《哈姆雷特》和《麦克白》的片段后，被原作那深厚的文采、智慧和情感打动，语言的神奇魅力让他深有体会并沉迷其中。

如果说林肯敬畏莎士比亚，那么他对能与他产生思想共鸣的罗勃·伯恩斯则是热爱。伯恩斯也曾经像他一样贫穷，在一间小木屋里出生，小时候有着和林肯相似的生活环境，他也曾在田地里干过农活，同样是个有怜悯心的人，在耕地时不慎挖坏了田鼠窝，他悲伤地为此写下一首诗；他的所作所为都和林肯太像了，因此，林肯甚至猜想自己或许与伯恩斯具有某些血缘关系。伯恩斯和莎士比亚的诗篇把林肯带进了一个全新的境界，那里的一切都芬芳多姿，丰富的情感令人心生爱意。

让林肯觉得最有趣的是：莎士比亚和伯恩斯竟然都和他一样未曾读过大学，他们接受过的正式教育甚至没有超过林肯自己。

这激起了林肯要在人生中做一番事业的欲望，他意识到自己虽然是文盲的儿子，但也具备完成伟大事业的资格，他的一生决不能碌碌无为，也决不能只卖些杂货或者当个匠人。

从此，林肯心目中最重要的作家就是伯恩斯和莎士比亚。他阅读其他作家的作品用掉的时间总和也没有阅读莎士比亚的作品用掉的时间多。后来，莎士比亚的写作风格极大地影响了林肯，他会抽出大量的时间阅读莎士比亚的作品。林肯当上总统之后，即便是因美国内战而满头白发忧心忡忡的时候，就算每天都要做非常繁重的工作，他依然会和专家坐在一起请教和探讨莎士比亚的剧本。他还曾在朋友的聚会上把《麦克白》当众朗诵，要知道这可是在他被枪杀前不久的事情。

因此，我们甚至可以这样说：白宫直接受到了纽沙勒镇默默无闻的渔民杰克·基尔索的影响。

从南部地区来到这里的酒店老板詹姆士·鲁勒吉是纽沙勒镇的创始人，他的女儿安妮长得十分好看，蓝色的眼睛，一头又长又密的褐色头发。不仅人长得漂亮，待人也真诚慷慨。安妮和纽沙勒镇最有钱的商人订下婚约那年十九岁，然而林肯却在这个时候爱上了她。

安妮答应了约翰·麦克奈尔的求婚，但是他们两人有言在先，要等两年后安妮从专科学校毕业后再结婚。

可是没过多久，一件奇怪的事情在小镇发生了：麦克奈尔说要去纽约州把父母和家人接到伊利诺伊州，他在临行前将商店里的全部家当都卖掉了。在与安妮告别时，他保证会经常写信给她，会和她不断保持联系。

林肯当时是纽沙勒镇的邮递员。公共马车会在每个星期送两次信件，送到纽沙勒镇的信件并不是很多。虽然邮资是根据邮寄路程的远近来定价格，但还是比较贵，所以很少有人写信。林肯每次都把领取到的全镇信件放在帽子里面然后戴在头上，遇到有人向他索要自己的信，他就摘下帽子一封封地查看。

每到送信的那天，林肯就会遇到迫不及待向他打听是否有自己信件的安妮。直到三个月后，麦克奈尔才给安妮寄来第一封信。麦克奈尔在信中向安妮解释了他迟迟没有和她联系的原因。他说自己在穿越俄亥俄州的时候发高烧了，而且一直处于昏迷状态，病得不轻，在床上躺了三个星期才渐渐恢复，因此才一直没和她联系。

又过了三个月，安妮才收到麦克奈尔的第二封信，这封寥寥数语、字迹潦草的信语气很冷漠，只说他在照料生病的父亲，而他屁股后面整日跟着一些债主，如果这样下去，再回纽沙勒镇就不知道什么时候了。

安妮在接下来的好几个月里再也没有收到过麦克奈尔寄给她的信。她开始怀疑他是不是还爱着她。

看到安妮伤心的样子，林肯很不忍心，他说自己可以帮助她去寻找麦克奈尔。但是安妮没有应允，她说："不必了，我一直都在这里等着他，他是知道的。如果他连信都不肯给我写，那我去找他也没意义。"

然后，安妮把一个秘密告诉了林肯：麦克奈尔曾在临走之前告诉过她，其实他的真名不是"麦克奈尔"，而是"麦克纳玛"。他父亲在纽约州的生意赔得很惨，负债很多，作为家里的长子，他为了做生意挣钱来到西部。在没有赚到足够的钱之前，他不想把自己的真实身份透露出去，担心家人打听到他的下落会跑到这里来找他，那样的压力会让他难以承受。他现在已经发了财，具备了养家能力，于是决定把父母接到伊利诺伊州来安度晚年。

镇子里很快传开了这个秘密，人们都被惊呆了。麦克奈尔被大家纷纷指责为骗子，人们认为包括他说的这些话也都是编出来骗人的，鬼才知道他到底想干什么。有人猜测说他是个已经结过婚的人；有人说他的老婆可能有好几个；有的人把他说成强盗；还有的人猜测他可能是杀人犯。越来越多的猜测五花八门，他抛弃了安妮，这是人们唯一认定的事实。但是，这真应该感谢上帝！

这些都是镇上人的看法。林肯有自己的心思，没有对这件事发表任何言论。

对于林肯来讲，这机会简直太好了。

第五章　噩梦般的初恋

一座破旧不堪的简陋房子就是鲁勒吉酒店，和那些建在西海岸旁边的普通木屋没什么不同，看不出它有什么特殊的地方，然而它却每天都吸引着林肯的目光，他是在它身上打主意。在林肯的眼里，这座高大宏伟的房子非同寻常，每次迈进它的大门，他都激动得心跳加速。

林肯从杰克·基尔索手里借来一部莎士比亚著名戏剧集，他舒服地躺在杂货店的木制柜台上，翻来覆去念着这样的句子：

那是柔和的光么？

从远处的窗口照射进来。

是东方朱丽叶，

抑或天空的太阳！

他静静地躺在那里，合上书本，并闭上眼睛回忆着，他在回味安妮前一天晚上对他讲的每一个字。

  那个时候，女人们聚集在一起缝被子是镇里时兴的一项活动。安妮时常参加这样的聚会，她做起针线活来修长而灵巧的手指麻利又精细。每逢到了聚会的日子，安妮经常会被一大早就起来的林肯骑马送到聚会地点，聚会结束后，她又被林肯骑马送回家。几乎没有男人走进过那间女人聚会的屋子。有一次，林肯不但鼓起勇气走了进去，还坐在了安妮身边。他的心开始加速跳动，而安妮也脸泛红晕低下头，手在不停地颤抖。多年以后，人们看到那床棉被依然能想起当时安妮慌乱的神情。

  夏日夜晚，林肯约安妮一起去散步。他们在山嘉蒙河岸并肩走着，鸟儿在树上欢快地鸣叫，深夜的天空被萤火虫画出条条美丽的金色丝线。

  深秋时节，火焰般红艳的橡树叶挂满枝头，地上尽是一个接一个从树梢掉落的胡桃，在树林里时常出现林肯和安妮悠闲的身影。

  雪后的严冬晴空万里，厚厚的白雪覆盖在森林里的枯枝上，仿佛披上了昂贵的绒装，珍珠般晶莹的冰珠点缀着不起眼的榆树，令人耳目一新。在这片银白色的冰雪世界，林肯和安妮手牵着手一起穿过其中。

  在这对相爱的恋人眼里，这个世界是如此的美丽，任何时刻都弥漫着温暖柔和的气息，人生的意义在他们心中也似乎变得崇高了。每当安妮蓝色的眼睛被林肯深情地注视着，她的心就好像在林中撒欢的小鹿跳个不停；而每当林肯的手被安妮修长的手指轻轻碰触到时，他就如同正在享受着这世界上最美好的爱情，会激动得喘不过气来。

不久前，林肯和被人称为酒鬼的牧师儿子贝利合伙经商。他们在纽沙勒镇狭小的地盘上买下了三间简陋的小木屋。打算开一家杂货店，经过整修将三间屋子合并成一个店面。

一天，他们的杂货店门口停下一辆赶往爱达荷州的搬迁篷车，套在车上的马拉着沉重的载荷行走在淤泥路面，早已累得疲惫不堪，赶车人为减轻车载重量想把他车上的一只木桶卖给林肯。那种废品根本就没有任何用处，但是林肯看到筋疲力尽的马顿生怜悯之情。于是，他把那只木桶用五十美分买下，一眼都没看就直接把它放到了店铺后面的储物间里。

两周后，林肯突然想看看上次买的木桶里面究竟装了些什么。于是，他搬出了木桶，倒出里面的东西，然后仔细查看。他在那堆废品底下，发现了布莱克·斯通写的《法律评注全书》。当时刚好是农忙时节，很少有人来杂货店购物，林肯要做的事情也不多，于是阅读那本《法律评注全书》正好可以填补空闲，而他对这本书越来越感兴趣，一口气就读完了整套四本书。

为了让安妮看到自己能够取得的成就，林肯自从读完这本法律书之后，下决心要当一个律师。安妮对此也非常赞同，两个人约定好，等林肯学习完法律课程并找到相关的工作后，他们立刻就结婚。

林肯随后横跨草原，来到远在二十英里开外的斯普林菲尔德，从当地的一名律师手中借来一些法律方面的书。林肯在回返的路上，捧着借来的书一边走一边看。遇到看不懂的地方，他就把脚步放慢，缓缓地移动，有时甚至停下来思考一会儿，直到把那段话完全弄明白才接着走。林肯就这样一路读完了近三十页书。天色在不知不觉中变黑了，夜幕中布满了星星，他发觉自己的肚子在叫，才赶忙加快了回家的脚步。

林肯捧着借来的书本认真地钻研起来。白天读书时，他躺在杂货店门口的榆树下面，把一双脚高高搭在树干上。晚上，四周堆放的废物就成为他点灯的燃料，他坐在制桶店里研究书中的句子。有时他大声朗读书上的内容，有时把书本合上背诵，直到把那些句子彻底弄清楚、熟记于心为止。

林肯无论在哪，无论何时都要随身带上书本。当他散步在河边或闲逛在林子里，以及劳作在田里时，他都会把一本契蒂或布莱克·斯通的作品揣在口袋里，以便随时拿出来阅读。

一个下午，林肯坐在粮仓一角的木柴堆上读法律书籍的场景被砍柴的雇主看到了，这位雇主后来把这件事告诉了当地的教师曼塔·格拉汗。格拉汗找到林肯说：“你只有精通文法，以后才能在政治界和法律界表现得高人一筹。”

于是，林肯向他请教从哪里能够借到文法书。

格拉汗告诉林肯，有个名叫约翰·凡斯的农夫住在六英里以外，有本名为《科克汗文法》的书在他手里。林肯二话没说站起身来，把帽子戴在头上，立刻跑出去借书了。

林肯只用了很短的时间就把《科克汗文法》整本书通读下来，格拉汗难以相信他如此快的读书速度。三十年后，格拉汗回想起当时林肯读书的情景时说，他清楚地记得自己曾经教过五千多个学生，其中林肯是对知识最渴求、最勤奋认真，而且最具直率性格的一个。"他曾经花费好几个小时，反复比较三种表达方式，以便找出最好的一种。我佩服他这种钻研精神。"

林肯完全熟读了《科克汗文法》之后，又相继借来很多本书，其中有爱德华·吉朋著的《罗马帝国衰亡史》，洛林著的《古代史》，汤姆·伯恩著的《理性时代》，还有杰斐逊、克雷、威伯斯特等人的传记以及一本与美国军人相关的传记。

专门研究林肯生平的已故著名作家阿尔伯特·毕佛瑞吉，在林肯的传记中这样写道：

> 这个与众不同的年轻人看上去有些另类，他上身穿蓝色棉布做的外套，脚上穿着很笨重的皮鞋，浅蓝色斜纹绒布做的裤子，裤脚比袜子高出一到两英寸。在纽沙勒镇上他四处游荡，读书、朗诵、讲故事、做白日梦，但他很受人们喜欢，无论他走到哪个地方，都能迅速交上很多的朋友。
>
> 林肯不单凭借他的才智和性情吸引别人，还有他古怪的打扮和笨手笨脚的样子也给人留下深刻的印象，但是没用多长时间，大街小巷就传遍了这个裤子短得有些滑稽的"亚伯拉罕·林肯"的名字。

整天抱着书本的林肯和难得清醒的酒鬼贝利，谁都没把心思放在打理杂货店上，他们的杂货店终于有一天倒闭了。林肯没钱支付饮食和住宿的费用，只好去帮别人砍木头、耙干草、盖围墙、搓玉米，为了糊口去干些粗活挣点小钱。他在这段时间还当过铁匠。

后来，林肯又从曼塔·格拉汗那里学会了三角和对数，于是他开始测量土地。他借钱买下一匹马、一个罗盘，测量绳用砍来的一根葡萄藤代替，林肯为镇子上的人们每测量一块地，要收取三十七点五美分的劳务费。

鲁勒吉酒店这时破产了，安妮以女佣身份来到一个农场主家里，在厨房做些零散杂务。林肯没过多久也来到这个农场耕地。他晚上收工后就来到厨房帮助安妮洗餐具。林肯只要在安妮的身边就会感到莫大的幸福，而这样的感觉在林肯以后的人生中再也没有出现过。林肯在去世之前曾经对一个朋友说，在伊利诺伊州农场当赤脚雇工比在白宫里当总统更快乐。

遗憾的是，这样美好的时光非常短暂，安妮在1835年8月病倒了。起初她只是感到很累，但她没有放在心上，还在正常干活。可是一天清晨，她突然连起床的力气都没有了，然后，她开始持续地发烧，经纽沙勒镇的爱伦医生检查，确诊她患上了斑疹伤寒。她的身体高烧不止，可是两只脚却冰凉，必须用烧热的石头暖脚。她异常地口渴，不停地要求喝水。现在的医生都知道，斑疹伤寒患者需要用冰袋退烧，还要尽可能多地让其喝水，可是这些道理当时的医生还不懂。

就这样缓缓地度过了可怕的几个星期，安妮的病情越来越严重，连抬手的力气都没有了。爱伦医生要求她必须静养，不允许任何人来看望她，甚至也不允许林肯进入她的房间。然而，在之后的几天里，安妮嘴里不住地念着林肯的名字。她的家人看出她对林肯的想念，于是把林肯找来让他看望安妮。林肯来到安妮的房间，把门轻轻关上，坐在安妮的床头，他们谁都没有说话，眼睛注视着对方。然而谁都没有想到，这竟是他们彼此相见的最后一面。

安妮第二天便失去了知觉，处于昏睡不醒的状态，最终，她静静地离开了人世。

林肯在安妮死后的几个星期里，一直处于沉痛的悲伤之中。他这一生当中再也没有比这更悲伤的日子了，他吃不下饭，也睡不着觉，没有心思和任何人说话，他远远地离开人群，一个人孤独地坐着，望着远方发呆。他的灵魂好像也被安妮带走了，一天天如同行尸走肉般度日。因怕他自杀，林肯的小刀被他的朋友们藏了起来；担心他跳河，朋友们在远处看守着他。

安妮被埋葬在五英里外的"协和公墓"。林肯每天都要走到那里，在墓前陪着安妮，有时好几个小时就一直待在那里。担心他的朋友们劝他回家。如果突然刮起狂风下起暴雨，不肯离开的林肯就哭着说，他要在这里保护安妮，不让风雨伤害到她……

有的时候，林肯在山嘉蒙河边踉跄前行的样子好像喝醉了似的，嘴里不知道在嘟囔什么。人们看到他伤心成这样，都担心他会神经错乱，于是让爱伦医生为他诊治。爱伦医生认为，对安妮的思念占据了林肯的全部心思，必须让他有事做，转移他的注意力才行。

伯林·格林是林肯的好朋友，在距离城北一英里的地方居住，他得知林肯的情况之后，主动提出要帮忙照看林肯。他家地处偏僻幽静之处，绵延向西的山崖矗立在屋子后面，通向山嘉蒙河畔的一片平坦的洼地展现在房屋前。林肯被他带回到自己家，他请林肯帮自己的妻子干活，砍柴、挖土豆、摘苹果、挤牛奶，甚至让林肯帮着格林夫人扯纺纱的线。他们有意让林肯整天都处于忙碌状态，不给他想其他事情的时间。

林肯的日子就这样在整天的忙碌中渐渐过去了。1837年，也就是安妮去世两年后，林肯向州议会的一位同事讲道："别人都认为我恢复得还不错，以后可以愉快地生活了，可是只有我自己清楚，我在私下里依旧很难过，我怕控制不了自己，甚至不敢把小刀带在身上。"

自从安妮去世后，林肯如同换了一个人似的，他恐怕成了全伊利诺伊州最忧郁的人。荷恩律师后来这样说："二十年里，林肯再没有愉快地度过一天，让人感觉他走路时好像有一种忧郁的东西就要从他身上掉落下来。"

从那时开始，一些有关悲伤和死亡的诗句让林肯喜欢得几近发狂。他坐在那里不知在想着什么，经常几个钟头一声不吭，一副无精打采的样子，而后，突然间他会把诗歌《最后一片叶子》里的句子背出来：

> 大理石的墓碑长满青苔
> 把他亲吻过的那张
> 樱红小嘴遮掩住
> 他心爱的那个名字

在他没有到来之前

刻在了冰冷的石头表面

　　安妮去世后没多久，那首《啊，人类何必骄傲》就成了林肯最喜欢的描写死亡的诗歌。深夜，林肯时常独自一人朗读这首诗。他在伊利诺伊州的乡村旅馆里念这首诗给别人听；在公开演说时把它引用在演讲词里；在白宫做总统时，他还向客人介绍它；他还把它抄在纸上送给友人。他曾这样说："这样好的诗歌真希望我也能写出，为此，我愿意献出我所拥有的全部财产，即使债台高筑，也在所不惜。"他最喜欢这首诗的最后几句：

　　　　啊！希望与彷徨，欢乐与痛苦，

　　　　相互交织在阳光和风雨中；

　　　　笑语与低泣，欢歌与叹息，

　　　　如同江海的波浪继而奔来。

　　　　健康的生命可瞬间变成遗骸，

　　　　辉煌的沙龙变为棺材与尸布，

　　　　这一切只发生在呼吸的瞬间。

　　　　啊，人类，你们又何必骄傲？

　　安葬安妮·鲁勒吉的"协和公墓"是一块安静祥和的土地，它的三面被麦地包围，一面是草原牧场，用于放养牛羊。现在，已经很少有人来到这块墓地了，这里的每个角落都遍布着灌木和藤蔓，到了春天，能给这里带来一点生机的是前来搭窝的鹌鹑，偶尔传来的羊群和鸽子的叫声像阴天时的闪电，打破这里的寂静。

安妮·鲁勒吉五十年来一直在这里安息。1890年，在四英里外的彼得堡，一个从事殡葬事业的当地人又建造了一片新的公墓。而在那之前，"玫瑰山公墓"早就修建在了彼得堡的另外一个地方，那里风景优美，面积很大。这个新墓地的开发人竟然想用安妮作招牌来广增客源，把她的遗骨搬到新的公墓。

大约在1890年5月15日，安妮的坟墓被他挖开了。

麦克格拉蒂·鲁勒吉是安妮·鲁勒吉的堂兄，他的女儿当时刚好住在彼得堡，已经年近花甲。麦克格拉蒂·鲁勒吉以前经常和林肯一起在田地里干活，作为林肯的助手他曾协助林肯测量土地，他和林肯在一起吃饭睡觉，他清楚地知道林肯对安妮的感情之深厚。麦克格拉蒂·鲁勒吉的女儿曾经接受过本书的作者采访。这个老太太头发花白，坐在院子里的摇椅上，在那个夏季宁静的黄昏对我们讲了这样的话：

> 我爸爸经常对我说起林肯对安妮有很深厚的感情。安妮去世以后，林肯经常去到五英里外的安妮墓地前长时间陪伴她，谁都阻止不了他这样做。
>
> 爸爸担心他出事，每次都会去把他接回来。是的，当那个新墓地的开发人挖开安妮的坟墓时，爸爸也在旁边看着，他说，已经找不到安妮的遗体了，只看见从她衣服上掉下来的四颗珍珠扣子。

　　那个新墓地的开发人把那四颗珍珠和一些泥土带走了，然后安置在彼得堡的新公墓中。公墓的宣传词里写着这样的话："安妮·鲁勒吉的葬地就在这里"。现在，会有大批的香客在凭吊的季节来到这里看望安妮，他们在她的墓碑前低头流泪。一个盒子里整齐地摆放着安妮的四颗珍珠扣子。一座花岗岩做的漂亮的纪念碑立在盒子的上方，艾德嘉·李·马斯特斯写的一首诗刻在石碑上面：

> 微不足道的我默默无闻
>
> 却演奏出不朽的旋律——
>
> 她内心不存任何邪念
>
> 与人交往又广施仁慈
>
> 宽恕容忍为众生所传承
>
> 每次善行都让她慈祥显现
>
> 闪耀吧！正义与真理的光芒
>
> 荒草下安妮·鲁勒吉在沉睡
>
> 亚伯拉罕·林肯的生前至爱
>
> 生前虽未能相互结合
>
> 灵魂却在此永久守护

　　"协和公墓"里依然躺着安妮的遗骨，她的遗骨并没有被那个贪财的墓地经营者带走。鸽啼悲凉，遍地玫瑰，这片土地洒满了亚伯拉罕·林肯的眼泪，他的心也随着安妮·鲁勒吉在此一起长眠。

第六章　相恋玛丽·托德

　　1837年3月，也就是安妮·鲁勒吉去世两年之后，林肯骑着一匹借来的马离开了纽沙勒镇，以一名见习律师的身份来到伊利诺伊州首府斯普林菲尔德。

　　他的全部家当都装进了他的马鞍袋，几本法律方面的书籍，几件衣服和几条内衣裤就是他的全部"财产"了。还有一只蓝色的旧袜子被他带在身上，十几美分硬币装在其中，这是林肯在纽沙勒邮局重新开业前帮忙代收的邮费。林肯的生活费用在来到斯普林菲尔德的第一年遇到困难，手中的那十几美分他本可以轻而易举地挪用，日后有能力再还上，然而，他认为那样做不诚实。因此，当邮局的查账员前来收账时，他一分不差地马上交出钱，而且交出的硬币就是他收上来的那几枚，分文不差。

　　林肯骑马来到斯普林菲尔德的那天，不但身无分文，还背负着一千一百美元的债务，那是他们的杂货店破产后，他与合伙人贝利共同欠下的。贝利酗酒死后，林肯一个人承担了这笔欠债。

　　因为这笔债是生意失败而欠下的，林肯原本可以向法院提出申请，要求分摊责任，也可以找个法律漏洞逃脱掉。然而，他并没有这样做，林肯按照欠条找到了那些债主，向他们保证，他会在适当的时间，偿还给他们连本带利的所有欠款。他的请求得到了债主们的认可，只有彼得·冯伯金没有同意，并向法院提起了诉讼。法院将林肯的马和测量工具没收后进行公开拍卖，用拍到的钱偿还其所欠债务。林肯一直到十四年后才省吃俭用彻底还清了欠其他债主的债务，兑现了他的承诺。林肯1848年成为美国国会众议员，当他领到薪金的时候，首先想到的是拿出一部分寄回家乡去还清那笔债款。

林肯到达斯普林菲尔德后，首先落脚在位于公共广场西北端的约西亚·F·史匹德日用品商店，他在商店门口的树上把马拴住。商店老板史匹德是这样亲口描述当时情景的：

他到我们镇子是骑着借的马来的，想找个工匠定做一个床架而走进我的商店，他在柜台上放下马鞍袋，向我询问床架材料的价钱。我在石板上用铅笔把计算的结果写出来拿给他，所有材料加起来共计十七美元。"挺便宜的，"他说，"但是，就算再便宜，我也买不起。如果你同意赊账给我，到了圣诞节的时候，我如果做成了律师业务，就能把钱还给你了；但是如果到时候没做成，可能你这笔钱我一辈子都无法还清了。"

他说话时有种忧愁的神情浮现在脸上，让我不由得生出同情来。我抬起头，端详了一下他的面孔，我想，如此悲伤的脸是我从未见过的，这种感觉一直到现在都在。于是，我对他说："我住的那间屋子很宽敞，有个大床在里面，你若不嫌弃，我很欢迎你来和我一起住。"他问我："哪里是你住的屋子？"我说："就在二楼。"我把商店后面通向二楼的楼梯指给他。他抱着马鞍袋默默地走上楼，把东西放好后回到楼下，对我笑容满面地说："史匹德，太感谢你了，这真是太好了。"

林肯和史匹德在那之后的五年半里，一直共同住在那家商店的二楼，他们同在一张床上睡，这期间史匹德始终没向林肯收取一分钱的租金。

而在这五年半时间里，另一个朋友威廉·伯特勒不仅为林肯提供吃的，还买了很多衣服送给他。

只要手头稍微宽裕些，林肯也会给伯特勒付一些钱，但是伯特勒并没有把价格告诉林肯，他完全是出于友情帮助林肯的，而没有别的目的。

对上帝赐给自己的这两个好朋友林肯非常感激，他之所以能够取得事业的成功，与伯特勒和史匹德的帮助是分不开的。

和林肯一起合伙经营律师事业的是一位名叫史都华的律师。史都华用了大部分精力在政治上，事务所的所有例行事务由林肯全权负责。其实，他们并没有多少例行公务，办公室里只有简陋的摆设：一张单人床上落了灰尘，一块毯子是用野牛皮做的，此外有一把椅子和一条长凳，还在一个书架上摆放了几本法律书。

他们刚开始时的业务并不多，开业六个月时间里只承接到五个活：有一个挣了2.5美元，有一个挣了10美元，有两个挣了5美元，还有一个一分钱都没挣到，只抵押了一件大衣作为部分酬劳。

事业上的不景气让林肯有些心灰意冷。有一天他走进了斯普林菲尔德的佩吉·伊顿木匠店，他想改行当个木匠而放弃从事法律事业。几年前林肯在纽沙勒镇自学法律时，就有过扔掉书本当个铁匠的想法。

来到斯普林菲尔德的头一年林肯过得不太开心，他没有几个朋友，只有几个在晚上偶尔聚集到史匹德商店里聊些政治问题的男人是他所识的，他在礼拜日也不想去教堂。他说，走进过于优美的斯普林菲尔德教堂，他会不知所措。

林肯在这一年里，只和一个女人说过话，林肯在写给欧文斯小姐的信中提到，那是个只有到关键时刻才肯开口的人。

1839年，有个叫玛丽·托德的女人不但跟他说话，而且还开始追求他，希望能够嫁给他。

林肯曾经被人问起，为什么要这样拼写"托德"这个姓，他开玩笑地说：也许是因为"上帝"（God）只有一个字母"d"就够了，而托德（Todd）家族没有两个就不够用吧！

喜欢炫耀的托德家族的人经常说，他们家族的历史起始于6世纪。玛丽·托德的祖父辈、曾祖父辈和叔伯舅公辈中都有人当过将军或州长，其中还曾经出现过一位海军大臣。玛丽曾经在肯塔基州莱辛顿城的一家法国学校上学，维多利亚·夏洛蒂·里克瑞·曼特尔夫人和她的丈夫一起创办了这所学校。这对法国大革命期间从巴黎逃出来的贵族夫妻没有被送上断头台。玛丽具有巴黎腔调的高级法语是从他们那里学会的，此外她还学会了只有在凡尔赛宫的贵族才会跳的八人舞和塞加西亚圆圈舞。

内心高傲的玛丽觉得自己比任何人都优秀，她一直坚信她未来的丈夫以后一定能当上美国总统。她为什么敢这样说，真是让人难以理解。然而她却对此深信不疑，还到处宣扬这种说法。大家对她嗤之以鼻，说她白日做梦，但她对自己的信念毫不动摇。玛丽的亲姐姐在说起她时，也说她"喜爱炫耀虚荣和权力"，是"我见过的女人当中野心最大的"。

可是，玛丽的坏脾气却让人无法接受，她的情绪常常失控。1839年的一天，她和继母发生激烈争执，而后怒气冲冲地夺门而去，跑到嫁到了斯普林菲尔德的姐姐家里住下。

如果她真的下定决心选择未来的美国总统作为结婚对象，那她的眼光可真是太独到了，她要实现这个愿望，全世界再没有比伊利诺伊州的斯普林菲尔德更为合适的地方了。那个时候，斯普林菲尔德只是位于草原边缘的一个肮脏简陋的小镇，荒凉得没有一棵树，石板车道、电灯和人行道都没有，排水沟更是没影的事儿。乱逛的牛、在泥坑里打滚的猪在大街上随处可见，臭气熏天的粪便堆得到处都是也没有人来清理。

当时总共只有一千五百人住在斯普林菲尔德镇，然而1839年时斯普林菲尔德却恰好居住着1860年的两位美国总统候选人：史蒂芬·阿诺德·道格拉斯是民主党的总统候选人；亚伯拉罕·林肯是共和党的总统候选人。

玛丽·托德认识这两个人，而且他们同时追求她，也都和她拥抱过，据玛丽说，这两个人都曾向她求婚。

当别人向她问起打算嫁给谁时，玛丽就这样说："我会嫁给最有可能当上美国总统的人。"

她说这句话时明显倾向于道格拉斯，因为在那个时候，道格拉斯的政治前途看上去似乎比林肯更加具有优势。人称"小巨人"的道格拉斯当时只有二十六岁，已经颇有名望；而那时候的林肯作为一名律师，在事业上只是刚刚起步，还借住在史匹德店铺二楼并与人合住在一张床上，有时甚至没钱吃饭。

在道格拉斯早已成为美国政坛上不可或缺的人物时，亚伯拉罕·林肯还是个毫无名气的小人物，实际上，就算在林肯就任总统前的两年，他还没能给大多数美国人留下一点印象，人们唯一知道的，就是才华横溢、位高权重的史蒂芬·阿诺德·道格拉斯曾经和他辩论过。

人们猜测玛丽对道格拉斯的兴趣胜过林肯。事实也确实如此。相貌英俊的道格拉斯向女人献起殷勤来手到擒来，他有着光明的前途，社会地位更是当时的林肯无法与之相比的。

除此之外，道格拉斯还拥有富于磁性的低沉嗓音、一头波浪状的发型，跳华尔兹是他的拿手好戏，他还会向玛丽·托德偶尔献些小殷勤。

因此，可以说他给玛丽留下了完美男人的印象。她有时会对着镜子自言自语："玛丽·托德·道格拉斯。"这名字让她心满意足，觉得好听又顺口，她陶醉在有朝一日和道格拉斯在白宫里手拉着手翩翩起舞的幻想中。

当玛丽正被道格拉斯疯狂追求的时候，一天，道格拉斯和一个新闻编辑在斯普林菲尔德的公共广场上打架，而玛丽最好朋友的丈夫恰好就是这个编辑。或许因为这个事情玛丽和道格拉斯曾经吵过架，也可能玛丽曾指责过他喝醉失态——在公开宴会上跳到桌子上高声叫喊唱歌还跳华尔兹舞，把满桌的食物、餐具都踢到地上。

他们在接下来的交往中，如果有别的女孩被道格拉斯带去跳舞，玛丽就会跟他吵架，两个人之间出现尴尬的局面，后来，他们无疾而终。对于这种结局，参议员毕佛瑞吉曾经说过："虽然人们说玛丽曾经拒绝了道格拉斯的求婚，实际上，这只是玛丽碍于面子才编造出来的。那么聪明又见多识广的道格拉斯向玛丽·托德求婚？这怎么可能？"

道格拉斯让玛丽非常失望，于是，她把大献殷勤的对象开始转向道格拉斯的政治对手亚伯拉罕·林肯，以为能借此让道格拉斯产生嫉妒。然而她失算了，道格拉斯根本没有把这事放在心上，而林肯却被她引上了钩。

对于他们交往的经过，玛丽·托德的姐姐爱德华夫人是这样描述的：

有几次他们一起待在屋子里时，我恰好在家，几乎每次都是玛丽先引起一个话题，坐在旁边的林肯先生只是安静地倾听，很少开口，他听得那么入迷，好像抓着他走的是一股无形的力量。他被聪慧高贵的玛丽迷倒了。然而他和千金小姐玛丽没有办法长时间交谈。

那年7月，在斯普林菲尔德召开了人们期待已久的共和党大会。小镇因这次大会一下子变得热闹非凡，从四面八方赶来的人们纷纷涌向这里，飘扬的旗帜到处都是，乐队的演奏声响遍小镇。芝加哥代表队甚至拖来一艘双桅杆船艇，船上响起嘹亮乐声，手舞足蹈的女孩子们在上面跳跃着，炮火直冲云霄。

共和党总统候选人威廉·亨利·哈里逊曾经被民主党党员嘲笑，说他就像个住在小木屋里喝苹果酒的老太婆。因此，共和党就故意在车轮上安装一个小木屋，在斯普林菲尔德街道游行时由六十头公牛拉着走在前面。还有一棵胡桃树跟在小木屋的旁边，摇摇摆摆地随之前行，树上还有嬉戏的狐狸，一桶苹果酒摆在木屋的门口。

晚上，在摇曳的烛光下林肯发表政治演说。

在一次聚会上，林肯所在的共和党被人们指责为贵族党，说他身上穿的衣服漂亮高贵，有什么理由让平民百姓给他投票。林肯对此辩驳说：

我没受过什么教育，刚到伊利诺伊州的时候身无分文，也不认识任何人，不但没有亲人，而且没有朋友。我起初在一艘平底船上打工，月收入只有8美元。我只有一条廉价的马裤是鹿皮做的。如果鹿皮马裤被弄湿，经太阳一晒它就会缩短：我的马裤一缩再缩，最后，很长一截小腿露在裤子和袜子之间。我越长越高，裤子却越来越短，裤腿变得越来越紧，后来我的小腿都被勒出一圈蓝色的痕迹，直到现在，这圈蓝色的痕迹仍然存在。如果你们觉得贵族的服饰就是我这种样子，那我就不再说什么了。

人们听了这话，纷纷吹起呼哨，大声叫喊，表示支持和赞许林肯。

林肯和玛丽一起走进爱德华家，玛丽称赞林肯是一个出色的演讲家，她说自己为他感到自豪，相信总有一天，他会以美国总统的身份走进白宫。

星空下，林肯看着自己身旁的女人低下了头。他已经清楚了玛丽的心思，因此，林肯伸出手臂温柔地抱住她，吻了过去……

1841年的元旦将成为他们的婚期。

这时，还有短短六个月，他们就要举行婚礼了，然而，又有许多枝节在这六个月里滋生而出。

第七章　新郎不在的婚礼

和亚伯拉罕·林肯刚订下婚约不久，玛丽·托德就想彻底地改造他。他穿的衣服令她讨厌，她总是拿她父亲的衣着和林肯做比较。一直以来，每天早上玛丽都要看着自己的父亲罗勃·托德拄着一根金头的拐杖，漫步在莱辛顿的大街上，他穿着高级的蓝色尼龙外套和白色亚麻长裤，把裤脚扎进皮靴里。再看看林肯，如果天气炎热根本就不想穿外套，甚至有时候也不戴硬领。更让玛丽不能接受的是，林肯的裤子常常只用一根背带吊住，如果扣子掉了，就干脆做一个木头钉子草草代替。

玛丽看不惯林肯这种大大咧咧、有失体面的随意作风。她把自己的想法直截了当地告诉林肯，而且不留一点情面，根本没有考虑到这些话会让林肯多么难堪。

玛丽在莱辛顿时，在维多利亚·夏洛蒂·里克瑞·曼特尔夫人办的学校里虽然学会了高雅的巴黎八人舞，但对为人处世的技巧却非常生疏。林肯对她的唠叨、挑剔和自以为是的态度颇为不满，只想远远地躲着她。后来，他不再像以前那样隔三岔五地去见她，甚至有时半个月都不去她家。他们之间的感情被玛丽毁掉了，然而她却写信给林肯抱怨自己被冷落了。

没过多久，身材苗条、相貌端庄秀美的金发碧眼女孩玛蒂姐·爱德华来到了镇上。玛丽·托德的姐夫尼尼安·W·爱德华是女孩的堂兄，他们一起住在宽敞的爱德华公寓。林肯有次和玛丽约会时偶然见到了引人注目的玛蒂姐。她虽然不像玛丽那样能说巴黎腔的高级法语，也不能跳八人舞或者塞加西亚圆圈舞，但是她在人际交往方面却无可挑剔，因此得到了林肯的欣赏，有时林肯竟然不知不觉地着迷似的看着她，玛丽·托德对他再说什么，他都听不进去了。这让玛丽异常恼怒。

有一次，林肯带玛丽去参加舞会，可是他却没有和玛丽跳舞的想法，丝毫不在乎一些没有舞伴的男士上前邀请玛丽共舞，而是坐在舞厅的一个角落与玛蒂姐聊得热火朝天。

玛丽责怪林肯，说他爱上了玛蒂姐，林肯承认了。玛丽于是失声痛哭起来，要求林肯以后再也不许与玛蒂姐接触。

他们争吵不休，两个人都不满对方的所作所为，原本一桩幸福美满的婚事，经他们这样折腾后变成了令人遗憾的事情。

林肯感觉到自己无法与玛丽相提并论：他们不管是在教育水平、家族背景、性格脾气、兴趣爱好，还是对事物的看法等各个方面，都截然不同。他们经常惹对方生气，林肯觉得他们的婚约应该解除，否则就算结了婚，也不能和睦相处。

玛丽的姐姐和姐夫也有这样的想法。他们劝玛丽放弃嫁给林肯的念头，不止一次地说他们俩差距太大，即使结婚也不可能过得幸福。

然而玛丽根本就听不进这些话。

林肯想让玛丽知道自己决定和她分手，他经过几周的认真思考，一天傍晚，他来到史匹德的商店，在火炉旁边坐下，把口袋里的一封信拿出来让史匹德看。史匹德后来这样回忆道：

在写给玛丽·托德的那封信里，林肯把自己的心情表达得很清楚，他说这个事情他经过认真且慎重的思考，觉得他并不那么爱她，所以自己不能就这样和女方结婚。他请我把那封信转交给玛丽，可是我没有答应，他说还要再去找别人帮忙。我提醒他说：一旦托德小姐收到了这封信，她就会占据优势。我对他这样说："人可以忘记或者推脱掉私底下的谈话，但你如果把它变成文字，那就成为对你非常不利的永恒证据。"说完这话，那封信就被我扔进了火炉里。

参议员毕佛瑞吉这样说："林肯在那封信里对玛丽具体说了什么我们无法确切地知道，然而我们通过他给欧文斯小姐写的绝情信也可以猜测出他写了些什么。"

现在，让我们把林肯和欧文斯小姐之间的事情来简单地回顾一下。那是四年前发生的一件事。林肯与本奈特·阿贝尔太太在纽沙勒镇相识，阿贝尔太太有一位叫欧文斯的妹妹。1836年的秋季，阿贝尔太太准备回到肯塔基州的老家看望亲戚，她说如果林肯愿意和她妹妹结婚，她就把妹妹带到伊利诺伊州来。

林肯和欧文斯小姐三年前曾经见过面，并且她对林肯的印象非常好。阿贝尔太太很快就把欧文斯小姐带到了伊利诺伊州。这个女孩长得很漂亮，看上去一副文静的样子，并且接受过良好的教育，家里也比较富有。然而林肯却没有和她结婚的愿望，他觉得她过于主动了一些。而且，他还比她小几岁，她又身材矮胖，林肯把她形容为莎士比亚名剧里的"吹牛胖子福斯塔夫的绝佳伴侣"。

林肯对别人说："我真的没办法，她一点也不讨我喜欢啊！"

阿贝尔太太非常希望林肯能够娶她的妹妹，可是林肯却很不情愿，他对自己未经过深思熟虑就应允阿贝尔太太的做法很懊悔，说自己害怕和欧文斯小姐结婚，就如同爱尔兰人害怕绞绳一样。

因此，林肯写了一封信给欧文斯小姐，把自己希望和她解除婚约的想法用委婉的语气向她坦白了。

这封信写于1837年5月7日，我们从这封信中可以大致猜出林肯写给玛丽·托德那封信的内容。他的这封信是这样的：

亲爱的欧文斯：

我曾经两次写好信都想寄给你，可是我觉得第一封信措辞不够严肃，而第二封又太过于严肃，于是，我只好把前面两封信都撕掉了，又写了这第三封信，不管怎样，我都要把这封信寄给你。

至少我认为斯普林菲尔德的生活是无聊又乏味的。无论住在哪里，我都会感到寂寞。自从我来到这里，只有一个女人和我说过话，而且那是个只有到关键时刻才会开口的人。

我从来没有去过教堂，而且我暂时也不想走进去。之所以这样做，是因为我会在过于优美的教堂里不知所措。我们已经讨论过你来斯普林菲尔德居住的事情。我经过认真的思考，觉得这里的生活不可能让你喜欢。你肯定不能忍受那么多在斯普林菲尔德坐马车亮相的活动，而你只愿意站在旁边观看。如果这样的生活你逃都逃不掉，你认为还能忍受吗？如果有愿意和我厮守到老的女孩，为了让她快乐和幸福地生活我必将竭尽所能，而如果我的一切努力都不能换来好结果，那就没有比这更让我伤心的了。但我知道，假如你不嫌弃而嫁给我，我将会有比现在快乐的生活。

以前发生的事情，也许你是在开玩笑，或许是我领会错了。如果真是那样，就让我们彻底忘掉它吧。如果不是这样，希望你在做决定之前再仔细考虑清楚。我的决心已定，我当然愿意按照我所承诺的去做——如果你希望如此的话。但是那样我觉得对你太不公平了。你不会习惯那种生活上的艰苦，如果嫁给我可能你的生活会艰苦得难以想象。我知道你是个聪明人，只要你静下心来思考一下，无论做出什么决定，我都愿意听从。

麻烦你收到此信后，务必给我回封信，也许你会觉得回信没有必要。然而，在我们这个枯燥荒凉的地方，写信也可以用来消除寂寞。请转告你的姐姐，让她别再说卖掉资产然后搬家这样的话了，听到这些我会十分心烦。

林肯敬上

至此林肯和欧文斯小姐之间的事情就结束了。我们回头再把林肯和玛丽·托德的婚事讲一下。

林肯给托德小姐写的信被史匹德丢进火炉里，他对林肯说："如果你有勇气像个真正的男人，就直接跟玛丽去说吧。你假如真的不喜欢她，那就明确地告诉她你不想和她结婚。但是你在说的时候一定要小心，别说过了头，最好早点结束。"

史匹德说："他听了我的话，穿好大衣，走出我的商店时神情坚定。"

荷恩在《林肯传》中写道：

史匹德在那个夜晚借口说自己想看书，没去上楼睡觉，为等林肯回来一直坐在一楼的店铺里。到10点钟林肯还没有回来，11点过了林肯才悄悄地走进商店。看到林肯用这么长时间和玛丽谈话，史匹德就猜到了他没有按照自己的话去做。

史匹德对他说："老兄，回来啦！你是按照我教你的去做的吗？"

林肯想了想说："是啊，我是按照你说的去做的。我和玛丽说了我并不爱她，她听了之后就号啕大哭，差不多要从椅子上跳起来。她看上去很痛苦，使劲地拉扯着自己的手，嘴里还说什么自己想骗人反而被别人骗了。"

史匹德接着问林肯："你对她还说了什么？"

林肯继续说："史匹德，说真的，她这一招我可招架不住。我听她这么说，泪水马上就流下来，我把她抱住，还亲吻了她。"

史匹德嘲笑似的看着林肯说："难道你想解除婚约就用这样的方式？这样做无异于当了一次傻瓜，而且相当于把你们的婚约再次确认了。从目前看，你的退路已经断了。"

林肯缓了一下说："我认命了，算了。事情已经到了这个地步，我只好遵守承诺了。"

日子在一天天地过去，他们约定的婚礼日期也渐渐临近了。玛丽·托德的嫁衣被裁缝赶制了出来。粉刷匠把爱德华公寓进行了重新粉刷和装饰，焕然一新的卧室里铺上了新地毯，而且重新摆放的家具被擦得一尘不染。

那时候林肯却是一副心不在焉、无精打采的样子，他看上去的状态真是无法形容，可以说难过到了极点，甚至可以说已经到了危及身心健康的程度。他的身体一天比一天衰弱，精神也似乎到了崩溃边缘。这几个星期的痛苦经历好像影响到了他后来的心理。

虽然林肯答应和玛丽·托德结婚，可他的内心却在承受着煎熬，很想逃避眼前的一切躲起来。他不去办公室上班，经常坐在商店二楼的卧室里发呆，州议会的会议也不去参加。他有的时候会在半夜3点起床，去到楼下把店铺里壁炉的火点起来，眼盯着炉火一个人坐到天明。他饭也吃不下，还总是发火，脾气开始变得暴躁。他不愿意开口说话，也不想见任何人。

随着婚礼日期的临近，林肯感到越来越恐惧了，他觉得自己好像在不停旋转，跌落进不见光亮的深渊，几乎就要失去理智。他写了一封长信寄给美国西部辛辛那提大学医学系主任、最著名的医生丹尼尔·德莱克教授，他在信中详细地描述了自己的情况，并且向他请教解决方法。然而德莱克医生却回信解释说，像这种情况自己不负责亲自检查，而且对此也无能为力。

1841年的元旦是林肯和玛丽·托德的结婚日期。那天天空一片晴朗，在这个新春起始的日子里，走亲访友的斯普林菲尔德的上流社会人士坐着雪橇在大街小巷穿梭。马拉着雪橇急促地喘息，一团团湿气从鼻孔里呼出，小铃铛在脖子上不停地响着。

爱德华公寓里这个时候呈现出一片繁忙的景象，小孩子敲开了后门匆匆赶来送货，手里捧着最后一分钟才订的货物。爱德华公寓特意请一个大厨师来到家里，因为是喜宴，所以烹调没使用旧的铁质烤炉，而是使用新发明的炉具在火上烹饪。

元旦的傍晚来到了。蜡烛照射出柔和的光芒，窗子上挂着冬青树花编成的花环。按捺住激动的心情，玛丽一家人静静地期待着。

晚上6点半，陆续来了一些客人。不一会儿，牧师也带着教堂行礼用具来了。房间里摆满了各种各样的植物和鲜花。人们愉快而亲切地交谈着。

钟声在7点敲响时，林肯没有来。7点半了，林肯还是没有来。

时间在一分一秒地过去，钟表在门厅里嘀嗒嘀嗒地旋转着，十五分钟已经过去了，三十分钟又过去了，还是不见新郎踪影。爱德华太太面带紧张和担心的神情走出房间。这究竟是怎么回事？难道林肯会……不！这绝不可能！这太难以想象了！

客人们开始交头接耳地议论，纷纷压低声音交流着。

头戴白色头纱的新娘玛丽·托德，身上穿着丝袍，始终坐在房间里等待着，一动也不动。她神情紧张地摆弄着插在头发上的花。有好几次她走到窗子旁边，朝街上焦急地张望。她两眼直勾勾地盯着时钟，手掌攥出了汗水，汗珠也挂在了眉毛上。一个小时又过去了。他是答应了的……真的……

客人们从9点半开始陆续告辞了，他们离开时悄无声息，而且一脸惊讶、不知所措的表情，这样的气氛太尴尬了。

最后一个客人也走了。准新娘玛丽再也忍受不了了，她把头上的白纱一把扯掉，把头发上的花也拉扯掉，哭着跑上楼，一头栽倒在床上，伤心至极。上帝啊！这让人们怎样看待她啊！嘲笑、怜悯、说三道四？她的尊严在哪里，还有什么脸面走出家门！

她感觉伤心和耻辱吞噬掉了自己。她多么希望林肯此刻能在她身边，拥抱她，安慰她；然而，她又多么想报复他给自己带来的耻辱和伤害，一见到他就立即杀掉他。

那么，林肯到底去哪儿了？莫非有人绑架了他？还是遇到了什么意外？难道说他逃跑了吗？不会是自杀吧？没有人知道为什么会发生这一切。

夜深了，一支由男人们组成的搜索队，一个个举着灯笼开始去寻找林肯。他们有的去镇上林肯经常光顾的地方搜查，有的仔细探寻通往乡间的道路……

第八章　道义和幸福的冲突

　　整整一个晚上，搜索队的男人们一直在寻找，直到天亮时才在办公室发现独自坐着的林肯，他的嘴里不知正在低声自言自语些什么，朋友们认为他已经精神失常了。玛丽·托德的家人说林肯已经疯掉了，所以他才没能出席婚礼，他们觉得这样的解释最好。

　　大家听林肯说想自杀，立刻找来亨利医生，并且让史匹德和伯特勒随时守在他旁边看护他。大家还藏起了他的刀子，安妮·鲁勒吉去世时的情形和此刻如出一辙。

　　亨利医生建议林肯去找些事情做，还建议他去参加州议会的会议。林肯负责州议会的领导工作，按照议会规定应该经常参加或列席各种会议。然而根据州议会的记录显示，林肯在三个星期以来的各种会议中出席次数仅为四次，而且每次也只是露脸一到两个小时而已。林肯生病的消息是1841年1月19日，由约翰·J·哈定向议会正式宣布的。

　　林肯逃婚三个星期后，他把自己写的一封信寄给他律师事务所的合伙人，那是他一生当中写过最痛苦的一封信：

> 可以说，我现在是世界上最悲哀的人了。假如所有的人都来分担我的悲哀，那么世上就不会再有一张脸的表情是愉快的。自己能否好起来我也不知道，而且我知道一直这样下去是不行的。假如不能好起来，就只有等死了。

已故的威廉·E·巴顿撰写的《林肯传》一书中写道，在这封信中，"亚伯拉罕·林肯十分担心自己会疯掉，这说明他的精神已经不正常了……"

那一段时间，在林肯的脑海里时常出现"死亡"这两个字，他热切地渴望着死亡，还写了一首以自杀为题材的诗，刊登在了《山嘉蒙期刊》上。

史匹德担心林肯会自杀，于是，让住在路易斯维尔附近的母亲为林肯收拾出一个房间。那间小屋很安静，门前的那条小溪蜿蜒曲折地延伸到一英里外的森林里。史匹德把一本《圣经》留给林肯让他读。有一个黑奴每天清晨都会把热腾腾的咖啡端到林肯床前。

玛丽的姐姐爱德华太太说，"为了让外界的误会消除，也为了扭转林肯的状态，玛丽曾经写信给林肯，说愿意解除他们的婚约"。她这样做的目的，一方面是想减轻他的心理负担，另一方面是她盘算着假如林肯愿意，仍然有机会恢复婚约。

当然，林肯宁死也不愿意恢复婚约。他再也不想见到玛丽。

林肯的朋友詹姆士·马森尼认为，这次逃婚事件过去一年以后，林肯想自杀的念头仍然没有彻底摆脱。可见，林肯对这样的婚姻有多么畏惧。

从1841年那个悲惨的元旦算起，林肯和玛丽·托德在将近两年的时间里，再没有过任何交往。他希望她能把他忘掉，尽快和其他男人产生感情。然而玛丽认为这件事情关系到了她的宝贵自尊心，因为这次事件严重地伤害了她的傲气，她要用实际行动证明给那些轻视她、可怜她的人看，亚伯拉罕·林肯仍然能够和她结婚，而且非她不娶。

而现在林肯决心已定，说什么也绝不和她结婚。因此，逃婚的事情过去不到一年，他便爱上了另外一个女孩子。当时林肯已经三十二岁了，而那个女孩子的年龄只有他的一半大。这个女孩的名字叫莎拉·理卡德，伯特勒太太是她的姐姐，四年来，林肯的食物一直是她负责提供的。林肯把自己的情况向她做了说明，他说亚伯拉罕是自己的名字，而莎拉是她的名字，很明显，是上帝把他们安排成一对的。

然而林肯的求婚被莎拉拒绝了。后来，莎拉在写给朋友的一封信中，写下这样的话：

我现在还十分年轻，都不到十六岁，对我来说，结婚的事还非常遥远。如果他把我当作朋友那我并不反对。当然，你是知道的，他有那么古怪的相貌和性格，恐怕一个情窦初开的少女是很难看上他的。我姐姐和他很熟，在我心里一直都把他当作兄长看待。

因为林肯经常写些社论的稿件发表在当地的《春田日报》上，因此，该报社总编西米昂·法兰西斯成了林肯非常好的朋友。然而令人不安的是，特别爱管闲事是法兰西斯夫人的一大特点，已经四十多岁的她一直都没有孩子，"斯普林菲尔德媒婆"是她对自己的称呼。

1842年10月初，林肯收到了法兰西斯夫人写给他的一封信，邀请他第二天下午去她家做客。林肯对这个奇怪的邀请再三思考也不解其意，虽然法兰西斯夫人到底想干什么他无从得知，但是他还是应邀前往了。他刚走到她家的大门口，就被她请进了客厅。他的眼前是一幅完全出乎他意料的情景——玛丽·托德就在他面前坐着。

林肯和玛丽·托德在那个下午都说了些什么，做了些什么，他们是以什么样的语气和表情交流的，都已无从知晓。唯一能了解的是，这个可怜而心软的汉子这一次再也没有一点逃脱的余地。林肯在最擅长哭的玛丽面前败下阵来，他在为自己逃婚的事情向她表示歉意时显得低声下气。

之后他们每一次都是偷偷摸摸地在法兰西斯家里见面。一开始，玛丽甚至不让她姐姐知道她和林肯再次往来的消息，后来这件事被她姐姐发现了，问她："你为什么要瞒着别人这么做？"

玛丽回答说："我觉得，既然已经发生过那些不光彩的事情，那么最好能不让任何人知道我们再次交往。即便再有什么问题出现，也没有人会知道这件事。"

把话说明白就是，上次发生的事情已经让她得到了教训，这次，她决定严格保密他们的交往，直到林肯同意和她结婚为止。

这次，托德小姐的如意算盘又是怎么打的呢？

詹姆士·马森尼说，林肯经常对他讲，他是被迫结婚的，托德小姐说，从道义上来讲，娶她是林肯必须承担的责任。

对此，荷恩应该是最清楚的，他曾经这样说：

> 我一直认为林肯完全是因为道义而娶玛丽·托德的，他对玛丽并没有感情，这点他自己很清楚，然而和她结婚又确实是他曾经答应过的。在这样的道义和幸福的冲突面前，他做出选择道义的决定……接下来便是噩梦般的生活，之后那么多年，不断的纠缠和折磨让他远离了家庭的幸福与和睦。

在做与玛丽结婚的决定之前，林肯曾经写信给史匹德，问他是否曾在婚姻中找到过幸福，并且催促他尽快回信，因为他急于了解史匹德对婚姻的看法。

史匹德在回信中说，在婚姻中，他实际获得的幸福要远远超过他原有的期望。

1842年11月4日，林肯得到这个答案的第二天，也就是星期五的下午，心情忐忑又十分不情愿地向玛丽·托德求婚。

玛丽不但立刻就答应下来，并且希望结婚仪式在当天晚上就举行。事情会发展得如此迅速大大出乎林肯的预料，他犹豫又慌张。他知道玛丽非常迷信，于是他找的理由是，当天恰巧是星期五不吉利。然而已经有了上次教训的玛丽，再没有耐心等二十四小时了，况且，当天正好也是她二十四岁的生日，于是，他们赶忙到夏特敦珠宝店买了结婚戒指，把"永恒的爱"几个字刻在了上面。

那个下午，林肯请的男傧相是詹姆士·马森尼，他说："吉姆，和那个女孩子结婚是我必须要做的。"

傍晚，在伯特勒的家里林肯把他最好的那套衣服换上了，并擦亮皮鞋。伯特勒的小儿子问他要去哪里，林肯回答说："我或许要下地狱吧。"

玛丽已经绝望地把上一次婚礼赶制出来的嫁衣丢掉了。所以，现在，只有一件简单的白色衣服代替她的婚服。

因为准备的时间太短了，一切安排都显得十分仓促。爱德华太太在婚礼前两个小时才接到通知，她匆忙烤好结婚蛋糕。蛋糕被摆到桌上时，糖霜都还热着，很难切。

圣公会礼拜诗是蔡斯·德雷瑟牧师为他们宣读的，然而，没有一丝愉悦神情的林肯，被詹姆士·马森尼说成"仿佛马上就要上断头台似的"。

林肯只有一句话评价这桩婚姻。他给山姆尔·马歇尔写了一封业务信函，时间在他结婚后一个星期左右，其中有一则"附启"。这封信现在由"芝加哥历史协会"保留着。

林肯在信中这样说道："这边没有什么新鲜事，人们把我的婚事当成了谈资，对我来说，婚姻是非常奇怪的一件事情。"

第二篇

勇攀人生高峰

第一章　与众不同的人

当我为了编写此书而来到伊利诺伊州的纽沙勒镇居住时，我曾经多次得到我的好朋友、本地律师亨利·庞德的提醒："你应该去拜访吉米·迈尔斯叔叔。林肯是他舅舅荷恩律师的合作伙伴，有家提供三餐的旅馆是他姨妈经营的。林肯夫妇曾在那住过一段时间。"

7月的一个周日下午，庞德先生开车把我带到了纽沙勒镇旁边的迈尔斯农场。林肯当年去斯普林菲尔德借法律书必须经过这里，他经常在这里借休息的机会讲几个故事给农场里的人听，以换得一杯果汁喝。

我们到达目的地后，吉米叔叔在前院的大枫树下摆放了三张摇椅，我们三个在那里坐了几个小时，非常开心地聊着，几乎把时间都忘了。在我们周围的草地上，小火鸡和小鸭子叽叽喳喳地跑来跑去。吉米叔叔把关于林肯的一件逸事讲给我们，这件事在那之前没有人知道，那简直是一场悲剧，令人深省。

事情的经过是这样的：

名叫雅各·M·尔莱的医生和迈尔斯先生的姨妈凯瑟琳结了婚。1838年8月11日的晚上，也就是林肯到斯普林菲尔德的第二年，有个陌生的骑士把尔莱医生家的门敲开了，医生在家门前被骑士举起的双管猎枪击中，然后骑士跳上马，像一阵风似的逃走了。

斯普林菲尔德当时还是个不怎么大的地方，在这些居民中，没有人有可能杀害医生。一直到现在都没有调查清楚这件命案。

尔莱医生没有留下多少财产，他的遗孀、也就是迈尔斯先生的姨妈只好把空闲的房间租出去，并且为房客提供三餐来赚点钱维持生活。亚伯拉罕·林肯夫妇结婚后没多久就来到尔莱太太家居住。

吉米·迈尔斯叔叔说，有这样一件事他经常听他的姨妈说起：林肯夫妇一天早晨正在吃早餐，不知林肯太太因为什么原因对林肯发起了火，她将一杯热咖啡怒气冲冲地泼到林肯脸上，当时每一位房客都在场并看到了这一幕。林肯呆坐在那里一声不吭，尔莱太太用一条湿毛巾帮他擦干净脸和衣服。林肯夫妇之后二十多年的婚姻生活从这件小事就可以窥其一二。

当时，有十一名律师生活在斯普林菲尔德这个小小的地方，他们根本不可能全都在当地开业，于是经常在县与县之间骑马奔波。无论大卫·戴维斯法官在第八司法区的哪个地方开庭审案，这些律师们都会紧随其后。为了和家人一起度过周末，除了林肯以外，当地每个律师一到周六总要想尽办法往家赶，而林肯却害怕回家。春季和秋季，他连续在外地办案的时间总共有六个月，他抗拒靠近斯普林菲尔德。

一年又一年，他就这样为了躲避家里妻子的唠叨和古怪脾气，宁可凑合着住在环境恶劣的乡下旅馆里。众人已经都知道林肯太太的大嗓门和坏脾气，他的邻居都说她把林肯折磨得不成样子，像丢了魂似的。

参议员毕佛瑞吉说："住在对面街道上的人，都能把林肯太太又高又尖的声音听得一清二楚。她一连好几个小时的呵斥和谩骂，住在附近的所有人都听过。而且，有很多关于她施行暴力的传言，对此人们都深信不疑。"

荷恩觉得自己很了解玛丽的心理，他说："玛丽把林肯弄得晕头转向，她还经常对他实施怒火轰炸，因为林肯粉碎了她的骄傲，让她颜面尽失，在人们面前抬不起头来。她要疯狂地报复，以至于丧失了理智和感情。"

她看林肯没有一个地方是顺眼的：他像个印第安人，驼背，走起路来跛脚，十分笨拙。她指责他走不出矫健的步伐，没有优雅的动作，他走路的样子还被她故意夸张地模仿；她对他指指点点，要他脚趾向下走路，学她当年在曼特尔夫人的女校中的样子。

她非常厌恶林肯的一双大耳朵贴在脑袋上似乎呈现出直角的样子。她厌恶他不够挺拔的鼻子，向外突出的下唇，看上去好像患了肺痨的脸色，太长的手脚，太小的脑袋……

对于自己的外貌林肯本人从来都不在意，然而玛丽作为女人敏感又要面子，对于这一点，荷恩说："林肯太太其实也不完全是没有道理地胡乱指责。"例如，林肯有的时候在街上走，一只皮靴里塞着裤腿，而在另一只皮靴外裤腿耷拉着，这样他都不在意。他脏兮兮的皮靴几乎从来都没有上油擦过。已经黑了的硬领，恐怕再也无法洗干净了，大衣也早就该清洗了……

林肯家多年的邻居詹姆士·高莱也这样说："林肯先生以前经常来我家做客，每次来时他的穿着都非常随便，一双又大又松的拖鞋趿拉在脚下，长裤的颜色几乎掉光了，还只系了条背带。"

林肯会在天气好的时候到更远的地方走走，当作大衣的一件肮脏的亚麻外罩，干掉的汗渍一块又一块的像地图一般印在背上。

曾经有个年轻的律师在乡村旅馆目睹过林肯睡觉前的样子，一件自己缝制的黄色法兰绒睡衣穿在他身上，下摆长到了膝盖和脚踝之间。这个年轻律师不无感慨地说：像林肯这样邪门的家伙我一生中从没见到过。

林肯一生中似乎从未用过剃刀，而且他去理发的次数与玛丽对他的要求相距甚远。他像马鬃一样的头发又粗又密，对此玛丽非常恼火，即便他的头发被她打理好，过不多长时间还会恢复原来的样子。因为林肯已经习惯把存折、信件、文件放在帽子里再戴到头上，这样头发不可能不被压乱。

林肯有一次在芝加哥照相，摄影师劝他收拾一下外貌，然而林肯却说："如果那样做，我绝对得不到斯普林菲尔德人们的承认。"

　　林肯在餐桌上更是无拘无束：不能正确掌握餐具的用法，使用过后也不能摆放到正确的位置。他几乎弄不懂该如何用刀叉吃鱼和面包。有的时候，他弄歪了碟子，整块的猪排滑进大盘子。他的餐刀甚至会用来切奶油。忍无可忍的林肯太太为此经常和他吵架。他有一次把吃剩的鸡骨头丢进了盛莴苣的小碟子里，玛丽气得险些昏过去。

　　每当林肯家来了女客人，林肯既不知道站起来上前迎接，也不懂得应该把她们的大衣接过来；当客人离开时，他也不知道应该送客人到门口，为此，玛丽又大发脾气，把他一顿臭骂。

　　林肯喜欢躺着看书。每天从办公室回到家，他就立即一股脑脱掉大衣、鞋子、硬领、背带，放在楼道的一张椅子被他翻倒在地，他就在椅背上垫个枕头，伸直身子在上面躺好。

　　他就这样一连几个小时躺在椅子上看书。有时候看的是报纸，有时候看的是他觉得很有趣的《阿拉巴马的脸红时刻》里的一个故事；诗歌也会经常读，不管看什么，他都会大声朗读，这习惯是由印第安纳州的"出声朗读"学校培养出来的。林肯认为出声朗读可以在记忆时发挥听觉和视觉两种作用，要比单纯的视觉记忆深刻得多。

　　有的时候，当他背诵莎士比亚、拜伦或者爱伦·坡的诗歌时，会闭着眼睛躺在地板上。

　　有个亲戚曾经在林肯家住了两年，据他回忆，有天傍晚，林肯正躺在大厅的地板上读书。这时有客人来了，他没等别人去接待，就只穿着一件衬衫，去开门请客人进会客厅了。他后来说自己这么做是想愚弄一下女人们。

当时，正在隔壁房间里的林肯太太，看见屋子里走进来一些女客人，而林肯却在说一些荒唐可笑的话给她们听。她顿时怒火中烧，跑到会客厅去把他一顿羞辱。这正中林肯下怀，他高兴地逃出家门，一直到半夜才蹑手蹑脚地从后门溜回到房间。

爱吃醋是林肯太太的特性，她最讨厌的人是林肯的密友约述亚·史匹德，因为她怀疑就是史匹德让林肯当初做出逃婚的决定。他们结婚前，林肯每次写信给史匹德，总会把"替我向芬妮问好"这样一句话附在结尾。结婚后，林肯太太明确规定，这句问候语必须改为"替我向史匹德太太问好"。

林肯有个最明显的优点，就是别人的恩惠他从来都不会忘记。为了感激好朋友，他答应将约述亚·史匹德·林肯作为长子的名字。此事被玛丽·托德知道后，立刻火冒三丈，她认为她生的孩子自然应该由她来决定名字，自己的儿子绝对不能用约述亚·史匹德作名字！结果，罗勃·托德·林肯成为他们第一个儿子的名字，她父亲的名字是罗勃·托德，她要以此来纪念她的父亲。

很明显，最终罗勃当然是他们长子的名字了！林肯一共生育四个孩子，除了罗勃，其他孩子去世时年纪都还小：年仅四岁的艾迪于1850年死在斯普林菲尔德；十二岁的威利死在白宫；十八岁的泰德1871年死在芝加哥。1929年7月26日，享年八十三岁的罗勃·托德·林肯死于佛蒙特州的曼彻斯特。

林肯太太的院子里没有一棵花草树木，她抱怨这样既没有颜色也没有生机，为此，林肯种了几株玫瑰。然而他对园艺实在不在行，这几株玫瑰没几天就枯死了。开垦出一个花园——这是玛丽提出的又一个要求。有一年春天他终于照办了，可是因为疏于管理，花园最终却长满了杂草。

虽然林肯不喜欢体力劳动，然而他心爱的马儿"老公鹿"却是由他亲自喂养、梳洗鬃毛的，除此之外，他还亲自给母牛喂草，挤牛奶，锯木料。他一直以来都是如此，即使成为总统以后也没有改变，直到他离开斯普林菲尔德。可是，林肯的表兄约翰·汉克斯却曾经说他"除了做梦，亚伯做不好任何工作"。玛丽·托德对此非常赞同。

林肯总是表现出一副心不在焉的样子，好像这个世界的任何事情都无法触动他。他经常在周日把孩子放进小篷车里，在屋子前面的人行道上推着小车来来回回。因为人行道的地面坑洼不平，有时孩子不小心从车上滚下来，林肯却没有在意，还推着空车继续向前走，只顾直勾勾地看着地面，孩子的哭声似乎一点都听不到。直到走出家门的林肯太太看到这一幕，对着他气愤地大喊大叫，他才猛地回过神来。

有的时候，林肯在办公室工作了一天，回到家见到玛丽却觉得无话可说，就像没有看见她一样。林肯的兴趣也不在食物上，玛丽准备好晚餐，让他走进餐厅总是得费尽力气才行。可是，即使在餐桌旁坐下，林肯的眼睛却总是对着远处某个地方无神地望着，餐具动都不动，玛丽只好一次又一次地催促他。

吃完晚饭，他会坐在那里盯着炉火，半个钟头一声不吭。孩子们肆意爬到他身上，拉扯他的头发和他玩，和他说话，他都没有一点反应，当他突然醒悟过来，便马上露出笑容，讲笑话或背诗给他们听。

林肯太太责怪他把孩子都宠坏了，根本不懂得如何教育他们。她说："他从来都看不见也听不见孩子们犯了错误，然而，孩子们只要表现得好，他都会进行一番赞赏。他一直这样说：'我希望我的孩子们无忧无虑、快乐自由，不受父母的束缚。爱是一根连接孩子和父母的锁链。'"

孩子们在林肯面前十分任性。例如，有一次，林肯正在和最高法院的一位法官下棋，罗勃跑来告诉他吃晚餐的时间到了。兴致高涨的林肯嘴里答应着："好，好。"可是对说了什么他当时压根儿没有意识。

过了一会儿，林肯太太再次让罗勃过来催促父亲。可是满口答应的林肯，立刻扭头就忘了。

罗勃第三次来催促时，林肯的反应还是和刚才一样。小家伙这时终于按捺不住性子了，向后退了一步，猛然一脚踢翻棋盘，棋盘冲上了天，到处都是洒落的棋子。

林肯微笑着站起来说："法官，好啦，看来我们只好改日再下完这盘棋啦。"

林肯一直觉得没有必要纠正孩子的错误行为。

到了傍晚，林肯的孩子们经常到篱笆后面藏身，从篱笆孔里伸出来一根竹竿，把往来行人的帽子打落。有一次，林肯回家时从篱笆旁路过，孩子们把他的帽子误打下来，而林肯却只告诉他们这样做也许有的人会不高兴，提醒他们以后要小心些。

林肯不信任何宗教，对于宗教问题也从不参与朋友们的谈论。但是他曾对荷恩说过：印第安纳州的教堂聚会上，有个名叫葛伦的老人在演讲时曾经说："我的信仰就是：我的心情在做善事的时候就很好，干坏事的时候就很坏。"林肯说他对于信仰的看法和这个老人是一样的。

等到孩子们长大了一些，到了周日，林肯经常在清早带他们出去散步。他和玛丽在一个周日把孩子留在家，自己去了"第一长老会"教堂。儿子泰德在家里醒来后找不到爸爸，就沿着街道跑到教堂，并从布道间冲进去。泰德当时头发乱蓬蓬的，鞋带松开了，脚踝上的长袜翻卷着，泥土沾满脸上和手。林肯太太大吃一惊，打扮高贵的她显得十分难堪，而微笑着的林肯伸出手，让泰德扑进自己的怀里。

到了周日早上，林肯有时会把他的孩子们带到他位于城里的办公室去，任由他们在里面撒野嬉戏。"在办公室里，几个孩子乱翻书架、抽屉和箱子，把他的金笔笔尖弄坏……痰盂里还有他们扔进去的铅笔；他们打翻墨水瓶，桌子上流淌着墨汁，信件撒得满屋子都是，他们踩在上面跳舞嬉戏。"荷恩说，"然而作为一个父亲，林肯对孩子们从来没有过呵斥，甚至都没有对他们皱过眉头。像他这样宠爱孩子的父亲我从未见过。"

林肯的办公室林肯太太很少去。这也难怪，他的办公室脏乱得简直不堪入目，那样的地方林肯太太才不会去呢。有一堆文件曾经被林肯捆扎起来，在上面贴了张便签："如果在别处找不到，就在这里找。"

史匹德说得对，林肯的规矩就是"没规矩的规矩"。

一块巨大的黑色斑点留在林肯办公室的墙壁上，那是一群学生来他这里做客时，一个法律系学生和同学打闹，丢墨水瓶时留下来的印迹。他几乎从来没有打扫过办公室，厚厚的尘土到处都是，几颗花种子摆在书架上竟然因此长出芽来。

第二章 "廉价"的律师

从很多方面来说，在斯普林菲尔德玛丽可以称得上是最节俭的家庭主妇，然而她在某些方面却又十分奢侈和讲究。以林肯当时的收入，是付不起钱买马车的，可是玛丽不仅买了一辆，还自作主张以每天二十五美分的价格把邻居家的一个小伙子雇用为马夫，每个下午载着她去串门。其实，斯普林菲尔德本来就不是多大的地方，她步行或者雇辆车就足够了，然而她觉得这样做有失身份。所以，家里多穷她不管，为了摆阔她就是要买昂贵的衣服。

1844年，林肯夫妇用一千五百美元买下了一幢房子，房子的主人是两年前他们的主婚人蔡斯·德雷瑟牧师。他们买下的包括起居室、厨房、客厅和几间卧室在内，这幢房子后面的院子里还有一堆木柴和一间小屋子，此外还有个棚子可以用来养牲口，林肯在那里安置母牛和"老公鹿"。

玛丽一开始觉得这幢房子简直就是人间天堂，以前住的那间宿舍和它相比简直是天上地下，况且这新居他们还具有产权，这些都极大地增加了玛丽的快乐和自尊。然而这样的好心情在挑剔的玛丽身上并没有持续多长时间，不久，新居就开始在她的眼里失去了光彩，她不断地找新居的毛病。因为她姐姐居住的大房子是两层楼，而她自己居住的这幢房子只有一层半。她经常对林肯说："有出息的人是不会只住一层半房子的。"

平日里，无论玛丽向他要什么东西，林肯都会答应说："想要什么你就买吧。"然而他这一次却说："住得下就行了，家里又没有多少人。况且我的钱又不多，在结婚时候只有五百美元，到现在也没增加多少。现在来扩建房子的话，我们还没有足够的钱。"这一点其实她也明白，但是她依然不停地抱怨、催促林肯。

最后，为了让她放弃扩建房屋的念头，林肯特意请来一个建筑商来评估房屋改修价格，并且让他故意估算得高些。

他回家拿着估价单让玛丽看，玛丽看到这样高的价格，惊讶得一时说不出话来。林肯以为这件事就此结束，然而令他意想不到的是，在他去外地巡回办案期间，玛丽竟然重新请来另一位建筑商对房屋改造进行估价，并且当即把房屋扩建一新。

林肯回家时，自己的房子他几乎认不出了。他装出一副严肃的样子，拉住一位朋友问道："请问陌生人，林肯先生的家在哪里？"

靠做律师工作林肯挣不到多少钱。按照他自己的话说，他经常要为付账而四处凑钱。而现在，家中又多出一笔没有必要的大数目建筑费用，林肯觉得难以承担。

对于林肯的抗议，林肯太太拿出她一贯使用的主动出击、先发制人方法，指责他没有金钱观念，还不懂理财之道，埋怨他律师费收得太低。不过，对于这一点，很多人都表示赞同玛丽的说法。

其他很多律师都被林肯低廉的律师费惹恼了，他们说林肯扰乱了律师市场的行情，他把整个律师界的规则都搞乱了。1853年，四十四岁的林肯，这位八年后的美国总统，在麦克林巡回法庭处理四个案子，却只收了三十美元。

对此林肯是这样说的：很多托他办案的人和他一样穷，如果收的费用太多，他觉得于心不忍。有一次，林肯收到一个委托人付给的二十五美元律师费，他却退回去十美元，还说对方太大度了。

还有一次，一个患有精神疾病的少女被骗走了一万美元。林肯打赢这场官司只用了十五分钟。他的合伙人华德·拉蒙一小时后拿来二百五十美元的律师费和他平分，林肯对他狠狠地进行了一番训斥。拉蒙反驳说律师费是他们事先就已经讲好的，况且这些钱是那个少女的哥哥自愿支付的。

林肯说："或许他的兄长真有这样的意愿，然而我却不愿意接收。从一个疯女孩的口袋里拿出这些钱，她多可怜啊，我宁愿自己不吃饭，也不愿意占有她的钱。你至少把这些钱的一半送回去，否则，平分给我的那部分，我一分也不要。"

还有这样一件事，有一笔四百美元的抚恤金，是由一个抚恤金代办人帮一位军人遗孀争取到的，他却要求那个遗孀将争取到的二分之一作为酬劳付给他。林肯劝那位年迈又贫穷的老妇人控告那个抚恤金代办人，并且帮她打赢了这场官司，他分文不收不算，还把她的旅馆住宿费付清了，又亲自掏钱买了车票让她回家。

有一天，寡妇阿姆斯太太的儿子杜尔夫喝醉后把人打死遭到被害人控告，阿姆斯太太找到林肯，请求他帮忙救她的儿子。

林肯认识阿姆斯一家是他在纽沙勒镇的时候，那时杜尔夫还是躺在摇篮里的孩子，林肯曾经哄他睡觉。虽然阿姆斯一家人脾气都不怎么样，但是他们却和林肯的关系很亲密。已经去世的"克拉瑞丛林帮"头领杰克·阿姆斯是杜尔夫的父亲，林肯曾经在一场摔跤赛中击败过他。这是被记录下来的事件，是有据可查的。

对阿姆斯太太的请求林肯毫不犹豫就答应了，他在陪审团的面前用一篇非常感人肺腑的演讲，把那个小伙子从死亡边缘挽救回来。

阿姆斯太太为了表达对林肯的感激之情，打算把自己仅有的四十英亩土地无偿转让给他，然而林肯却拒绝了，他说："汉纳大婶，在我以前穷困潦倒又无家可归的时候，得到了你的帮助，我在你家里住，还在你们家吃饭，我的破衣服也是你缝补的，我现在为你做的这些又能算得了什么呢？你的钱我绝不会收一分的。"

可是林肯绝不热衷于诉讼，他有的时候会劝说委托人进行庭外调解，宁愿不收一分钱的顾问费，让矛盾双方尽量在法庭外化解纷争。有一次，他拒绝对某个人提出指控，他说："他过得那么贫穷，还有一只脚瘸了，看见他那样子我就觉得难过。"

虽然善良、仁慈是种可贵的精神，它们却不能当金钱来使用。玛丽因此每天都在絮絮叨叨，抱怨林肯没能出人头地。别的律师凭借打官司或者做些投资都发财了，最典型的例子就是大卫·戴维斯法官和洛根，史蒂芬·阿诺德·道格拉斯也是其中之一。因为在芝加哥投资房地产，道格拉斯大发其财，他还买下十英亩的土地捐给芝加哥大学建教学楼，以慈善家的形象远近闻名，而且他作为政治领袖在全国也有较高的名望。

每当道格拉斯出现在她的脑海，玛丽就觉得非常后悔，她多么希望和自己结为夫妻的是他啊！如果真的成为道格拉斯太太，现在她一定在华盛顿的社交界活跃着，她就会穿着巴黎产的最新款服装，可以随时去欧洲旅行，经常和她共同进餐的还有皇亲贵族们，以后，还可能有机会入住白宫……

而成为林肯的太太，简直不可能谈前途。在她眼里，林肯一辈子大概就是这样了：他一年中有六个月工作在外地，把她一人孤单地留在家里，得不到宠爱，也没有关心……

她求学时期曾追求的浪漫生活，和现实是那么遥远，这真让她伤心啊！

第三章　悲摧的家庭生活

为了让自己显示出高贵的外貌，林肯太太在其他的日常花销上总是精打细算，并以此为荣，连三餐也是舍不得花钱，更不会花钱买食物来喂猫狗了，所以，林肯家里任何宠物也没养。

她的香水一瓶接一瓶地买，而在开封试用之后，每次都借口说不满意或者送错了货而把东西退回去，她这样的伎俩再三地使用，当地的商家因此都不愿意再给她送货了。我们现在依然能看到那些账本，上面的记录是用铅笔写的："林肯太太退回的香水。"

对于玛丽来说，和商家吵架是生活的一部分。有一次，她认为冰块商人梅耶斯少给她送了冰块，于是她便找上门去高声大骂，前来看热闹的人都是从半条街以外跑过来的住户。当这一幕再次上演时，梅耶斯发誓，就算他下了地狱，也绝不会再卖给她冰块。他决心已定，从此再也不送货给她。到了不得不用冰块的时候，玛丽只好用二十五美分作为酬劳，请她的一位邻居进城去帮她和梅耶斯谈和，请求为她继续送货。

一份名为《春田共和主义者》的小报是林肯的一个朋友办的，他到镇上各个地方请求资助，于是林肯交钱订阅了一份。当他家收到第一期报纸时，玛丽见到后脾气又发作起来，不停叫骂，说她那么节省过日子，而林肯却订阅这种毫无价值的废物浪费钱。为了不让她生气，林肯只好说他从来都没有让他们把报纸送过来。这话说得对，他只是交纳订阅费，并没有让报社送报纸。这就是善辩的律师！

玛丽当天晚上无礼地写了一封信背着林肯寄给报社的主编，她在信中把自己的诸多不满向这份报纸述说了，并且要求退订。

主编公开在报纸专栏中就这封信做了答复，还写了封信要求林肯对此事做出解释。林肯为此甚至难过得病倒了。他在回信时言辞非常谦卑，再三道歉，解释说这一切全都是误会。

一次过圣诞节，林肯想把继母请到自己家里庆祝一番，却遭到玛丽的极力反对。她瞧不起老年人，托马斯·林肯和汉克斯家族的人更令她瞧不起。和他们在一起，她觉得是一种耻辱。于是，林肯只好放弃自己的想法。距离斯普林菲尔德七十英里远，就是这二十三年来林肯继母居住的地方。林肯曾经去那里看望过她，然而她却从来都没进过林肯的家门。

林肯结婚以后，只有一个名叫哈丽叶·汉克斯的亲戚来过他家，那是一个善良、懂事又讨人喜欢的女孩，是林肯的一个远亲，林肯对她非常疼爱。她为了上学来到斯普林菲尔德，林肯让她住在自己家里。可是玛丽却把她当成女佣，一会儿来这儿一会儿去那儿地使唤人家，林肯颇为不满地表示反对，可想而知，结果又是一场纠纷。

那些真正雇用来的女佣，对林肯太太的火暴脾气也常常无法忍受，很多人都被迫无奈收拾行李走了，所以，多到数不过来的女佣先后离开他家。那些离开的女佣又把自己的遭遇告诉给同行们，所以，从此林肯家很难雇用到女佣。玛丽又气又急，把她雇过的人称为"野爱尔兰人"，她把这个"野"字头衔加在了所有被她雇用过的爱尔兰人头上。她公开说，如果她的寿命长于林肯，她就搬回到美国南部她的家乡莱辛顿去养老，因为那里的用人不会这么放肆。在那里，偷懒的黑奴会被绑在公共广场的柱子上接受鞭刑。托德家的一个邻居就曾经这样活活打死六名黑奴。

当时，在斯普林菲尔德，身材高大、人尽皆知的朗·雅各用两头骡子和一辆破车开了一间所谓的"快车行"。他的侄女曾经是林肯家的女佣，没干几天，林肯太太就和她吵翻了，女孩气得把围裙扔在地上，把行李收拾好后就摔门而去。朗·雅各那天下午赶着骡子来到第八街和杰克逊街转角处的林肯家，对林肯太太说他是来取侄女行李的。林肯太太立即冲着他大声叫骂，把他们叔侄俩好一顿数落，并且说如果他再敢找上门来，就把他打出去。愤愤不平的雅各冲进林肯的办公室，找林肯评理，要求林肯太太向他道歉。

林肯听完他的描述，叹了口气说："我对这件事感到很遗憾。不过，说实话，十五年了，这样的生活我每天都要忍受，而这样的几分钟难道你都不能忍耐一下吗？"听到林肯这样的话，朗·雅各反倒同情起林肯来，他对打扰林肯表示抱歉，然后离开了。

　　然而，也有在林肯家里一直工作两年多都没离开的女佣。这事让邻居们都觉得不可思议。其实原因很简单，林肯曾经在这个女佣到他家之前，就把自己太太的方方面面坦白告诉给她，并且把道歉的话语提前向她说了，说自己也是不得已，希望她别记恨。林肯还许诺，如果她能忍受这些，他愿意每个星期多付一美元。

　　所以，尽管林肯太太的坏脾气依然时常发作，可是有林肯在私下里用金钱支持着，女佣真的坚持下来了。每当林肯太太对她发完脾气，林肯总是会趁没人在的时候，走进厨房里，拍着她的肩膀安慰她说："别在意，玛丽亚，别在意，请别离开，留在这儿，留在这里继续做下去。"

　　玛丽亚后来结婚了，她的丈夫是格兰特将军手下的士兵。南方的李将军投降后，玛丽亚为丈夫申请退役令来到华盛顿。林肯见到她很高兴，和她坐下来谈起往事，并想邀请她一同进餐，但是玛丽没有同意。于是，林肯把一篮水果和一些钱送给玛丽亚，让她第二天再过来取，以便给她发一张通行证。然而第二天她没能再去，因为就在那天晚上林肯被暗杀了。

　　林肯太太这么多年不但脾气始终没变，而且惹出的麻烦一大堆，搞得很多人都不痛快。她的言行有的时候像疯子一样。玛丽的父母是表兄妹，或许是受近亲结婚的影响吧，托德家的孩子都有一些怪癖。有的人怀疑玛丽患有轻微精神疾病，连她的医生也有这样的看法。

面对玛丽所做的这一切，林肯以基督般的耐心忍受着，很少去责怪她。然而他的朋友们可不会像他那样有耐心。荷恩把玛丽称为"野猫"或者"母狼"。林肯所崇拜的透纳·金恩则把玛丽叫"女恶棍"。他说玛丽把林肯赶出家门的情景他曾经多次看到。林肯总统的秘书约翰·海伊在首都华盛顿给她取的绰号更加难听，不宜公布在此，因为非常不雅。林肯的朋友——斯普林菲尔德卫理公会教堂牧师，与林肯家住得很近，他的太太说林肯的"家庭生活很糟糕，经常能看见林肯被他的太太举着扫帚赶出家门"。詹姆士·高莱在林肯家隔壁住了十六年，他说林肯太太"心中有恶魔"让她经常产生错觉，她疯子般的哭闹声让住在附近的人全都能听见。她甚至一再说她可能被人攻击，并且要求找人看守在她的房子周围。

时间久了，她更加好发火，脾气越来越暴躁了。林肯的朋友们都替他感到为难。在家庭中林肯找不到快乐，为了避免发生不愉快的事情，他从来都不敢在家里请朋友来吃饭，甚至包括荷恩和戴维斯法官在内。他自己则尽可能离开玛丽远远的，他从不在傍晚时急着回家，而是坐在法律图书馆里和其他律师聊天，或是到狄勒的店里给大家讲故事听。

深夜，当街上已经没有什么人的时候，他一个人像流浪狗一样耷拉着头到处游荡，他有时候会说："我讨厌回家。"朋友便会带他到自己家里过夜。

荷恩最清楚林肯夫妇悲剧性的家庭生活，他在《林肯传》第三册中这样写道：

　　林肯先生没有可以推心置腹的亲密朋友，他从不和我说起那些烦恼的事情，据我所知，对其他朋友他也没有说起过。这巨大的心理压力他独自默默地承受着。就算他不说自己内心的苦闷，我也能看出来。他早上到办公室的时间很少在9点之前，我经常会早他一个小时到，然而有几次他7点就到了，还有一次，天还没亮他就来了。我到时看见他已经在办公室，就明白一定有什么事发生了。有时候他盯着天花板躺在沙发里，有时两只脚搭在窗台呆呆地坐在椅子上。当我进屋时，他一点反应都没有，我向他问好，他只是哼地应付一声。我便立刻开始工作，不想打扰他，然而看着他那么难受的样子我做事也没有心思，于是我便以去法院为由走出办公室。

　　因为房门的一半装着玻璃，另外一半挂了一扇门帘，每到这时，我就必须拉好门帘。楼梯还没有下完，我就能听见门咔嚓一声，那是在阴暗的屋子里林肯把自己封锁住了。我只好用一个小时待在法院书记办公室里，然后再去店铺转悠一个小时，之后再往回返。或许这时已经有上门的客户，林肯正在帮他们解决问题；或许他已经摆脱郁闷的阴影，开始读有趣的故事。到了中午我回家用餐，一小时后再回来时，我会发现他在办公室里正吃着乳酪和饼干，那是他从楼下店铺买来的，其实，离办公室相隔不过几个广场就是他家。傍晚五六点，我准备回家了，而他却坐在楼梯下面的木箱上和几个混混聊天，要不就是为了打发时间呆坐在法院的台阶上，办公室里的灯一直到天黑还亮着，可见他还没有回家。直到夜深人静，他才无奈地踩着树木和房屋的影子，走进那个被称为"家"的木头房子里。

有的人也许会说我把事实夸大了，如果谁真那么想，说明他不了解实情。林肯太太有一次非常粗暴地攻击丈夫，久久不肯停手，最后，这个"对任何人从无恶意，以慈悲之心对待整个人类"的人实在不能控制自己的情绪了，他一把抓住她的手，强硬地把她从厨房推到大门口，嘴里说："你会毁掉我的一生的。你把这个家搞得像个地狱。该死，现在你就给我滚出去。"

第四章 地狱样的悲伤

如果林肯当初和安妮·鲁勒吉结婚，那么他一生很可能会过得很幸福，但却不能当上总统。无论他在思想还是行动上都是迟缓的，而安妮不可能逼迫他去争名夺利。与此相反，野心勃勃的玛丽·托德却一心向往住进白宫，因此，他们结婚后不久，她就逼迫林肯去争取共和党的国会议员候选人的提名。

激烈的竞选十分残酷，他的政敌把不属于任何教会的林肯称为异教徒；又因为他的妻子属于高傲的托德和爱德华家族，所以他们指责他作为工具被财阀和贵族所利用。这些十分可笑的头衔，给林肯的政治前途带来极大的危害。面对这种批判，林肯反驳道："我来到斯普林菲尔德后，只有一个亲戚来看过我，我的亲戚还没出城，就被人指控偷了一只口琴。如果他也算得上是贵族家庭的成员，那我的确当之无愧。"

林肯这一次落选了，这是他首次遭受政治挫折。林肯两年后再次参加竞选，成功当选为国会众议员。无法控制喜悦心情的玛丽坚信林肯的政治生涯现在只是刚刚起步，还有很长的路可走。

她发疯般地练习法语，并且特意定制了一款最新式的礼服。林肯一到华府，她就立即写信给她"可敬的亚伯"，说她也想到华盛顿居住。

她一直以来都渴望跻身社交名流之列。然而当她到达华盛顿和林肯会合后，才发现再次让她失望的事实。林肯实在是没有钱，为了维持生活，在政府发放第一笔薪金之前，他只好先向史蒂芬·阿诺德·道格拉斯借钱。因此，林肯夫妇只能在位于杜夫格林街的史布里格太太的宿舍里暂时借住。这间宿舍门前的街道上满是泥土和砂石，并没有铺上石板，显得阴森恐怖的房间光线很不好，没有安装水管设施。一间小屋子、一个鹅栏和一个菜园布置在后院；时常有邻居家的猪闯进菜园来吃菜，每到这时，举着木棍跑过来赶走它们的是史布里格太太的小儿子。

当时，市民的生活垃圾并没有被华盛顿市政府收集管理，因此，很多垃圾和废品堆积在后巷，常有牛、猪、鹅等到这里来寻找食物。

非常排外的华盛顿社交圈，让林肯太太根本无法涉入。被人冷落的她只好孤独地坐在阴暗的卧室里，只有她那被宠坏了的儿子陪伴着她。当她听到史布里格太太的儿子呵斥那些吃菜的猪时，她感到格外不舒服。

这样的情景实在让人失望，然而与当时潜伏着的政治风险相比，这些根本算不上什么。林肯进入国会时，美国和墨西哥正处于交战时期。这场历时二十个月的可耻侵略战争，是由国会中主张蓄奴的人挑起的。目的是把奴隶制度扩大到更广阔的范围，并选出赞成蓄奴的参议员。

那场战争为美国带来的利益有两项：一是美国得到了原属墨西哥的得克萨斯州；二是美国夺取了墨西哥将近一半的领土，并把获得的领土改设为新墨西哥州、亚利桑那州、内华达州和加利福尼亚州。

格兰特将军认为，这是一场历史上最为邪恶的战争，他对自己也参与其中感到无法原谅。许多美国军人都反而投向敌方，美国逃兵组成了圣塔安那军中的一个营。

林肯和许多共和党人一样，把自己的见解在国会中大胆地表达出来，对总统发起的战争予以谴责，说这场战争"交织着掠夺和谋杀，谈不上光荣"，并直言上帝已经"忘记了保护无辜弱者的使命，任由和平被杀手和强盗以及来自地狱的恶魔所摧毁，致使男人、女人和孩子被大量屠杀，正义的土地已经布满累累伤痕"。

当时林肯还是个普通议员，没有什么名气，他的这篇演说根本没有被华府理睬，然而它却在斯普林菲尔德掀起了一股风暴。因为在伊利诺伊州参加那次战争的有六千人，他们都认为自己是为神圣的自由而战，如今在国会中把他们说成是魔鬼、杀手和强盗的却是他们选出的代表。愤慨不已的人们公开集会，指责林肯"卑贱""懦弱""不知廉耻"。

人们在集会上纷纷表示"林肯做如此丢人的事从没见过"，"给勇敢的生还者和光荣的殉国者头上扣上邪恶的帽子，这样的行为，只会招致每一位正直的伊利诺伊州人的愤怒和仇视"。

在之后的十几年里这种仇恨意识都没有被平复，一直到13

年后林肯竞选总统时，还遭到一些人站出来用这些话语对他进行指责。

林肯对他的合作律师说："我现在是在政治自杀。"此时此刻他没有胆量回到家乡面对那些选民。他想在华盛顿待下来，但为获得"土地局委员"职位所做的努力却失败了；为了将来该州加入联邦时他能成为首任参议员，他希望被提名为"俄勒冈州州长"，然而这事也没有成功。

于是，那间又脏又乱的位于斯普林菲尔德的律师事务所重新接纳了他，他再次坐着由爱马"老公鹿"拉着的小破马车，到第八司法区去巡回办案。而今，他成了全伊利诺伊州最消沉的人，他已经下定了放弃政治，把全部精力投入到法律事业上的决心。

为了锻炼自己的推理和表达能力，林肯买了一本几何学的书，每次去外地工作，都把它带在身上。荷恩在《林肯传》中写道：

我们住宿在乡下小旅馆里，睡觉时通常都挤在一张床上。那些床又小又短，以至于林肯高大的身体无法睡下，他只好把脚在床外面悬着，一截小腿露在床外，即便是这样，他也仍旧在床头的椅子上立一支蜡烛，用几个钟头时间看书，之后才睡觉。我们同屋住的几个人的睡梦早就开始了，可是林肯还以这样别扭的姿势在读书，一直到凌晨两点。他每次工作在外，都是这样。后来，一套六册欧氏几何学中的全部定理，他都能够轻松地加以推理证明。

读完了几何学，他又开始研究代数，随后钻研天文学，到后来，他甚至还写出一篇关于语言发展的演讲稿，然而，还是莎士比亚的名著对他最有吸引力。他依然没有改变因纽沙勒镇的杰克·基尔索培养成的文学嗜好。

从这个时候开始，一直到去世，亚伯拉罕·林肯最明显的特征是那深刻得无法用语言来形容的悲伤和忧愁神情。

在帮助荷恩准备《林肯传》一书的资料时，耶西·维克觉得似乎夸大了有关对林肯忧愁的记载，于是，他把林肯以前的几个好朋友找来，包括史都华、惠特尼、马森尼、史维特和戴维斯法官，向他们请教这个问题。

直到这时，维克才坚信"对林肯身上表现出的忧郁气质，未曾见过他的人永远都无法体会到"。这样的观点荷恩也同意，而且他还把我曾经引用过的那段话加以补充：

二十年以来，林肯从来没有一天是在愉快中度过的。林肯最明显的特征是那永恒的悲伤和忧愁的神情。让人感觉到他走路时的样子像是他身上有一种忧郁的东西要往下滴落。

在外地办案的时候，林肯的自言自语声，经常会在一大早把睡在同一个房间的律师吵醒。他起床后会点起炉火，呆呆地坐在那里，看着火光坐上几个小时，有时背上几首他喜欢的诗歌。

有的时候，林肯行走在街上，有人迎面跟他打招呼，他就像没看见似的。在与别人握手时，他的注意力也无法集中。

林肯的崇拜者约纳森·伯区说："林肯在布鲁明顿出庭时，情绪显得不稳定，他有时候会把审判庭、办公室或者街上的听众逗得大笑不止，有时候却又独自陷入沉思，没有人敢打扰他……有的时候，他在靠墙的椅子上坐着，在矮梯的横栏上搭着两只脚，腿弓着，把下巴搁在膝盖上，双手抱住双膝，帽子歪着向前，满眼的忧愁，看不出一点精神。我曾经看见他这样呆坐持续了几个小时，和他关系最好的朋友也怕过去会打扰他。"

毕佛瑞吉参议员对林肯的一生有非常深刻的研究，这一点可能没有人能比得上他，他说："从1849年到他去世前，人们都无法估算和测量他那悲伤和忧愁有多深。"

不过，林肯的优点是出色的幽默感和讲故事的能力，这和他的悲哀一样突出，令人难忘。

林肯甚至有能力让戴维斯法官暂停审理案件，专心听他讲笑话。荷恩说，"经常能见到有二三百人把他围住"，连续几个小时不停地大笑。有一位亲身经历过的人说：听林肯讲故事讲到精彩的地方，笑得男人们会从椅子上摔下来。

和林肯关系密切的朋友都认为，造成了他那"地狱样的悲伤"的原因有两种，第一是失败的仕途，二是不快乐的婚姻。

林肯在这样艰辛的六年里，对自己的政治前途几乎不抱任何希望了，然而这时发生的一件事，让他的人生方向突然发生了改变，促使他朝着总统之路前进。

这件事情关系到玛丽的旧情人——史蒂芬·阿诺德·道格拉斯。

第五章　密苏里折中方案

1819年，密苏里为成为可以蓄奴的州而希望加入联邦，然而北方人士却强烈反对。于是，双方经过协商最后达成妥协，签订了《密苏里折中方案》。方案规定允许密苏里州蓄奴，然而奴隶制度从此不允许在密苏里南疆以北的西部地区实施。双方都赞同方案的内容，这样，才稍稍缓和了奴隶制度之争。但是，三十多年之后，史蒂芬·阿诺德·道格拉斯为了争取撤销这一方案，花费了好几个月时间，不停地争辩、哀求，甚至与跳到桌子上的议员进行激烈的辩论。1854年3月4日，他的提案终于被参议院通过了，所以，在相当于东部十三州总面积的密苏里州以西的土地上，奴隶制度再度横行起来。

大局已定，这一消息在报纸头版刊登了，海军造船厂发出了轰隆隆的炮声，这相当于宣布开始了另一个满载血雨腥风的新纪元。

是什么原因让道格拉斯这么做的？没有人知道。历史学家至今仍在争论这一话题。道格拉斯希望在1856年当选总统，这是唯一可以确认的。而撤销这一折中方案，南方蓄奴州的选票就会被他争取到。然而北方各州的反应会怎么样呢？

对此，道格拉斯表示："我知道，这一定会在北方引起强烈反响。"实际上，他的这种说法还不够准确，这件事不仅仅引起了强烈反响，还造成美国两大政党的巨大分裂，最终导致全国陷入内战。

无论城市还是乡镇到处都在蔓延愤怒抗议的野火。人们把"叛徒阿诺德"的罪名戴在史蒂芬·阿诺德·道格拉斯的头上，称他为"现代犹大"，说他为了钱可以出卖主人；有人劝他主动去上吊，还送给他一条绳子；教会也有狂热反应，三千多名新英格兰的神职人员奉全能的上帝之命，以圣灵之名把联名抗议书寄到参议院；报刊社论中的言辞更是在大众的怒火上浇油；甚至连道格拉斯所属的民主党的报刊，都在芝加哥对道格拉斯加以严厉指责。1854年8月国会休会，道格拉斯在返乡途中，一路上看到的景象令他震惊。他事后描述说，从波士顿到伊利诺伊州，随处可见民众吊起他的画像在焚烧。

胆大脸皮又厚的道格拉斯竟然宣布要在芝加哥公开发表演讲。家乡父老们对他极度地憎恨，报纸对他发起猛烈的攻击，教士们愤怒地要求不许"伊利诺伊州纯净的空气被奸诈的气息污染"。还没到傍晚时分，男人们买光了全城所有五金店里的左轮手枪。有人发誓，绝不让道格拉斯有机会活着为自己的罪行辩护。

道格拉斯一进城，整个港口的所有舰船都降半旗致哀；二十座教堂的钟声共同响起，表示哀悼"自由"的死亡。

那天，芝加哥经历了前所未有的炎热。汗流浃背的男人们坐在大街旁边的椅子上乘凉；女人们则拥向湖边，要在凉爽的沙地上睡觉；有的人在途中甚至热得晕倒；马套着马具倒在了大街上，热得奄奄一息。

天气虽然如此炎热，但是仍有无数男人情绪激动得无法控制，他们口袋里装着左轮手枪去听道格拉斯的演讲。芝加哥没有能够装得下这么多人的大厅，只好在室外举行演讲。广场上到处是聚集的人们，附近民宅的阳台上站着人，还有人骑在屋顶上。

道格拉斯刚刚张开嘴巴，观众们的怒吼和嘘声就湮灭了他，之后，四面八方不停响起吆喝声和嘲笑声，带有侮辱字眼的歌曲被人唱响，不堪入耳的脏话被人骂出，这让演讲无法继续进行。

这气得道格拉斯的助手想跳下去和观众打架，却被道格拉斯制止了，他表示局面要由自己来控制。他再三试图平定暴民的情绪，但仍然没有作用，人们的情绪反而更激动了。观众反对他说的每一句话，他极力贬斥《芝加哥论坛报》，那家报纸就得到民众的称赞。他对观众说，如果他们不让他讲完话，那他就站在那里整个一晚都不会离开，观众于是又一起唱起来："我们不回家到天亮，我们不回家到天亮。"

在那个周六，四个小时就这样被道格拉斯白白浪费了，他什么也没得到，在台上饱受侮辱。他看了看手表，随后对着台下拥挤的人群大声叫道："现在已经是周日的凌晨，我要去教堂了，你们这些人下地狱去吧。"然后他走下台，显出一脸的疲惫。

这样的挫折和屈辱，对于"小巨人"来说，还是生平第一次遭遇到。

报纸在第二天早上就报道了这个事件的整个经过。此刻，住在斯普林菲尔德的一个棕色头发的中年胖妇人，十分得意地看了报纸。十五年前，成为道格拉斯太太是她的梦想。这些年，他有平坦的政途，步步高升，在全国成为最受欢迎、最有权势的政治领导者，而她的丈夫在这条道路上却一次又一次地接连遭受屈辱和挫折，她把这一切看在眼里，早就对不公平的命运产生愤恨了。

感谢上帝，现在，骄傲又讨厌的道格拉斯彻底垮台了，马上就要到大选，家乡的人却不支持他。对林肯来说，无疑这样的好机会实属难得。玛丽坚信，这一次，林肯一定能够夺回在1848年失去的民心，他的政治生涯还会重新开始，成为国会参议员。没错，虽然道格拉斯还有四年任期，然而他的同事希尔斯再过几个月就要改选了。

玛丽和高傲而好斗的爱尔兰人希尔斯有过纠葛。因为玛丽1842年写的一些没有礼貌的信，希尔斯决定和林肯进行决斗。他们俩带着助手，手持佩剑，会合在密西西比河的一个沙洲上。如果不是朋友在最后时刻出面调解，一场流血事件很可能就会发生。从那以后，希尔斯在政坛上步步高升，而林肯却直线下降。

现在，林肯在下降到最低点后，已经开始向上反弹了。撤销《密苏里折中方案》这一事件唤醒了林肯沉睡已久的心，他不能再沉默下去了，他决定在战斗中投入自己的整个灵魂和全部身心。于是他开始着手准备演讲稿，在州立图书馆里待了好几周，查找了无数资料，并且把参议院针对这一法案所进行的激烈辩论认真加以研究。

10月3日，在斯普林菲尔德召开伊利诺伊州博览会。几千名农夫向镇上涌去，最好的谷物还有猪、马和其他牲口都被男人们带来了，女人们则带来了亲手制作的果冻、果酱、糕点和蜜饯。然而，让博览会本身黯然失色的是另外一个最吸引人的节目，那就是，大会在几周前宣布博览会开幕当天道格拉斯将发表演讲，所以，赶来听他演讲的有该州各地的政治领导人。

那个下午，道格拉斯用三个多小时持续发表演讲，重新宣读了他的报告，并且很多辩解和带有攻击性的观点被他提出来。他一一否认了别人评价他时说的"在某一区域内使奴隶制度合法化"，以及"消除某地的奴隶制度"实际上等同于处理奴隶问题的方式由各地人民自己选择，他说："堪萨斯州或内布拉斯加州的人民既然有能力自治，那么他们也一定有管理好那些可怜黑奴的能力。"

林肯此时就在最前排坐着，道格拉斯所说的每个字他都认真地听着，道格拉斯说的每个论点他都在揣摩着。道格拉斯一结束演讲，林肯就当众宣布："我会在明天把他的全部错误指出来。"

第二天早上，宣传单散布到整个镇子和各展览会场，人们都希望看到林肯对道格拉斯的答辩。两点钟不到，人们已经把演讲厅坐满了。道格拉斯也在不久后走了出来。他依然穿着干净整洁的衣服坐在讲台上，打扮得非常得体。

那天早上，玛丽特意为林肯刷洗了外套，熨烫了他那条最好的领带。可是当日天气实在太热了，林肯知道演讲厅里一定没有流通的空气，所以，他干脆不穿外套、马甲和硬领，把领带也放在一边，他消瘦的身体上只罩着一件松大的衬衫，外面露出瘦长的脖子。他就这样大步走上讲台。他乱蓬蓬的头发，又脏又烂的皮鞋，一条编织的吊带勉强吊住了不合身的长裤。坐在观众席上的玛丽差点哭了，他的样子真让她又失望又气愤。

当时谁都没有意料到，这个让自己的妻子感到羞耻的丑陋男人，在那个下午所进行的一场演讲，竟然会使他留名千古。如果用两本书来记录他在那个下午之前和之后做过的所有演讲，你无法相信它们会出自同一个人。那个下午，林肯以崭新的形象站在台上，那是他因邪恶和正义而动容，那是他为受压迫的人民而请命，那是他被道德和尊严所触动而发出的声音。

他深刻地反思了奴隶制度的历史，针对其要害提出了五条反对理由。然而他仍然表现得极具包容性。他是这样说的：

　　我对南方不存在任何偏见。如果我们在南方生活，肯定也会做出这样的决定。如果奴隶制度从来就不曾有过，南方人也不会主动创立；如果奴隶制度已经在整个社会风行，那么要决定取消它就算是北方人也不会轻易做到。

　　南方人觉得不应该承担奴隶制度的全部责任，这一点我赞同；不是轻易地就能废除现存的奴隶制度，这一点我也能

够体谅，因为，对于此事即便我拥有了全世界的权力，也会
束手无策。

他用三个多小时进行了演讲，额头上不断地流下汗水。林肯
针对道格拉斯的言论继续进行辩论，指出他的错误，并证明他是
在诡辩。林肯的演讲在人们的脑海中留下了深深的印象。林肯的
话一再被不安的道格拉斯站起身来打断。

选举即将展开，民主党中激进的年轻一辈开始猛烈攻击道格
拉斯，并四处拉选票。选民投票的最终结果显示，道格拉斯率领
的这一派在伊利诺伊州全军覆没。

当时，由州议会选举产生参议员。1855年2月8日，在斯普林
菲尔德伊利诺伊州议会举行了投票大会。林肯太太特意买了一套
新衣服和新帽子，那天晚上，她的姐夫尼尼安·W·爱德华也愉
快地为参议员候选人林肯准备招待会。林肯在第一轮投票结束后
票数领先，然而只比第二名候选人多出了几票，而且很快距离就
接近了。到了第十轮投票，林肯落后于他人，利曼·W·楚门布
尔当选。

在玛丽和林肯结婚时，利曼·W·楚门布尔的太太朱丽
叶·雅涅曾当过她的女傧相，她们几乎是关系最好的朋友。玛丽
和朱丽叶那个下午在代表厅的阳台上并排坐着，观看参议员的选
举活动。当大会宣布朱丽叶的丈夫当选时，林肯太太立即转身离
开了。

情绪失落的林肯又回到那间阴暗、脏乱、书架上长出嫩芽的

律师事务所。一周后，他再次坐上小马车，驾着"老公鹿"开始到偏僻的乡村巡回办案，然而此时，他早已没心思办案了，悲伤和忧愁更加深重了。

一天晚上，林肯和另一位律师挤在乡村旅馆的同一张床上休息。林肯在黎明时依然身穿睡衣坐在床头发呆，他开口便说出这样一句话："你要知道，这个国家不可能永远存在一半奴役一半自由的状况。"

没过多久，有一个黑人妇女在斯普林菲尔德找到林肯，把自己的悲惨经历向他诉说：她的儿子在一艘轮船上工作，在轮船抵达新奥尔良时他却被抓进监狱，他本来是自由人身份，可是没有文件足以证明这一点，所以至今他仍被关押在监狱里。轮船现在早已开走了，而她的儿子将要被公开拍卖为奴隶，借此抵付监狱的开销。

林肯把这个案子提交给伊利诺伊州州长，但州长却表示他对这件事没有权力决定。林肯又写信给路易斯安那州州长，对方也回答说没有任何解决的办法。林肯于是只好再次请求伊利诺伊州州长解决此事，而州长却根本不予理睬。

林肯从座位上站了起来，义正词严地说："州长大人，如果你不下指令释放这个年轻人，那么我不会让奴隶制度再继续下去。"

第六章　和道格拉斯的大辩论

1858年夏天，美国发生了一次历史上著名的政治战争，亚伯拉罕·林肯参战了，这使他摆脱了偏执和默默无闻的状态。

现在，他已经49岁了，多年来他一直在奋斗着，可是又得到了什么呢？

他在事业上，是个失败者。

他在婚姻上，一点也谈不上幸福。

虽然他是一个成功的律师，一年有三千美元的收入，可是他在政治道路上，却一再失败，遭受了无数挫折。

他承认："我因缺乏野心在竞赛中失败了，并且是彻底失败。"

然而从现在起，事情的进展顺利得超出了想象，几乎来不及思考。尽管林肯在七年后就去世了，但是他在这七年里却赢得了不朽的名声和荣耀。

林肯依然是史蒂芬·阿诺德·道格拉斯的对手。而现在，道格拉斯再次在全国树立起新的形象，他的声望几乎到达巅峰。

　　道格拉斯从头开始，在撤销《密苏里折中方案》后的四年里，打了一场壮观而又精彩的政治翻身仗，重新为自己赢得了威望。事情是这样的：

　　堪萨斯州要求成为允许蓄奴的州，而道格拉斯没有同意，因为该州议员们的当选都靠的是阴谋或者暴力手段，所以草拟该州宪法的议会并不合法。堪萨斯反对成为蓄奴州的人在暗中做着战争的准备，他们忙着操练、行军、堆土垛、挖战壕，并将旅馆改造成了城堡。既然议会不能公平地选举，他们就要用子弹夺回自己的权利。

　　在那之后，屡屡发生杀戮和枪击事件，"流血的堪萨斯"一词也因此出现在史书上。

　　史蒂芬·阿诺德·道格拉斯认为，冒牌议会草拟的宪法不应该具有任何价值，他要求重新举行一场公正选举，堪萨斯州成为蓄奴州还是自由州应采用投票的方式来决定。

　　然而，他完全正当的要求，却遭到美国总统詹姆斯·布坎南和华府中支持蓄奴的政客们的一致反对。

　　于是，道格拉斯和布坎南总统激烈地吵了一架。

　　布坎南总统说要断送道格拉斯的政治前途，而道格拉斯则反驳说："全靠我的一手扶持詹姆斯才能当上总统，所以，我也同样能够把他毁掉。"这句颇具威胁的话，让美国历史也发生了改变。

　　道格拉斯为了自己以及每一个北方人的信念，不惜放弃自己的政治前途，开始进行无私的奋斗。虽然1860年民主党在总统选

举中的失败是缘于他的所作所为，使得林肯有机会当选为总统，
而他却得到了伊利诺伊州人民的拥戴，因为他在此过程中坚持了
伟大的原则。

1854年，他进入芝加哥市城区时，那里的人们曾经用降半
旗、敲丧钟的方式来侮辱他，而现在他再次返乡时，人们却派出
专车、乐队和接待委员会来迎接他。在他进入市区的时候，得尔
本公园打响了一百五十发礼炮，人们争着抢着和他握手，女人们
将鲜花大把地撒在他脚下。人们甚至用他的名字为自己的儿子取
学名。可以毫不夸张地说有人甚至愿意为他赴汤蹈火。"道格拉
斯派的民主党员"——在他去世四十年后依然有人愿意这样称呼
自己。

光荣地进入芝加哥几个月后，道格拉斯被伊利诺伊州的民主
党员毫不犹豫地提名为国会参议员的候选人，而默默无闻的林肯
却被共和党提名。

在竞选战中，林肯经过一次又一次的辩论逐渐有了名气。他
和道格拉斯的辩论掺杂着浓厚的火药味，兴奋的人们前来观战时
显得越发疯狂。如此之多的观众任何会议厅都无法容下，他们只
好改在森林或原野里举行演讲。采访的记者们忙着跑前跑后，这
场激动人心的竞赛被报纸整版地报道出来。没过多久，这里聚集
了全国民众的目光。

多亏了这些辩论所发挥的宣传作用，林肯两年后才得以当上
总统。

林肯在竞选前的好几个月，就开始着手做竞选准备。每当脑

海里涌现出某个想法、概念或语句时，他就随手写在任何可以写字的地方，包括信封的背面、报纸边、废纸袋上等。然后把它们放进高顶丝帽里戴在头上，最后还要把它们重新整理一遍。在整理时，他边读边写，翻来覆去逐词逐句地推敲。

林肯写完第一篇演讲初稿后，他在州议会图书馆请来几个关系很好的朋友，关起门来，把演讲稿念给他们听。每当念完一段后，他就停下来听取大家的意见。在这篇讲稿中，后来成为名言被传诵的有这样几句话：

房屋内部开裂是绝对不可能屹立不倒的。

面对奴役和自由同时存在的状况，我们的政府绝不会容忍。

虽然我不希望我们的国家发生内战，这样会导致瓦解联邦，但国家继续分裂的状态我更不愿看到。为了更长远的和平与团结，值得为正义而战。

林肯的朋友们对他的这些言论既惊讶又担心。他们认为他的这些言辞过于激进，"这些会遭天杀的傻话"一定会把选民们吓跑的。

林肯最后从椅子上慢慢站起来，对大家说，他的决心已定，他将"房屋内部开裂是绝对不可能屹立不倒的"这句话又强调了一遍，他说，这是最高的真理，任何人都无法颠覆。

林肯说：

第二篇
勇攀人生高峰

　　这是世人皆知的真理。我要将它用最简单的言辞表达出来，我要让人们清楚当下的危险局面。现在应该说良心话、说实话了，我的想法绝对不会改变了。如果有必要，为了正义我宁愿献出我的生命。如果我这次演讲没有成功，那我愿和真理一同消亡。

　　1858年8月21日，首次大辩论在距离芝加哥城七十五英里的奥泰华镇举行，前一天晚上，这里就有民众陆续前来。没过多久，人们已经住满了旅馆、私人住宅和马车行。点亮的灯火照耀着方圆一英里以内的山谷和低地，小镇好像被军队包围了一样。

　　道格拉斯被六匹白马拉的高级马车载着穿行在城镇里。民众发出震耳欲聋的欢呼声。林肯的那些不甘示弱的支持者，让林肯在一个旧干草台上坐着，由两头白骡子拉着满街跑，三十二个姑娘坐在后边的干草台上，写有州名的大标语牌挂在每个姑娘身上。

　　这些演说家、委员团和记者们足足挤了半个钟头，费了九牛二虎之力，才穿过拥挤的人群，来到演讲台上。

　　演讲台上方的凉棚是木头搭建的，为了观看演讲有二十多个人爬上了凉棚顶，结果他们把凉棚压塌了，木板掉在了道格拉斯的委员团成员身上。

　　不论从哪方面看，这是两位截然不同的演讲人：

　　道格拉斯身高五尺四寸，林肯身高六尺四寸。

　　身材魁梧的林肯，却有很细的嗓门，可算是次中音；身材矮小的道格拉斯反而有洪亮的声音，他的男中音算是出色的。

举止优雅的道格拉斯具有绅士风度，而相貌平平的林肯却动作迟缓。

道格拉斯的气质具有大众偶像的风度；而林肯苍白的脸上满是皱纹，表情极其抑郁，他的外表没有任何吸引人的地方。

道格拉斯身穿条纹衬衫、深蓝色外套、白色长裤，一项白色的宽边帽戴在头上，打扮得像个有钱的南方农场主；林肯穿着破旧的黑色外套和像布袋似的短腿长裤，高高的烟囱帽肮脏地矗立在头顶，他的打扮又粗糙又可笑。

道格拉斯讲起话来枯燥乏味，而林肯却有着无人能比的诙谐感。

道格拉斯翻来覆去说着那几句相同的话，而林肯却开动脑筋，想出许多新话题。

道格拉斯十分讲究排场，喜欢虚张声势。他乘坐的是披着一面红旗的专车，有一门铜炮架在车尾部，不管走到哪儿，都能听到大炮发出的轰鸣声，仿佛在告诉人们有大人物驾到；林肯则厌烦"烟火和爆竹"，他喜欢乘坐再普通不过的客车或者货车，手里提着一个松垮的旧手提包和一把绿色棉布伞，不过那把伞已经断了手柄，必须用一根带子绑住它才不会弹开。

就像林肯说的那样，道格拉斯的确是个投机主义者，他的政治立场很不坚定，不顾一切地取得胜利就是他的宗旨；而林肯不但坚持原则，并且为了原则可以不懈地奋斗，他主张只要正义能够得到伸张，无所谓输赢。

林肯曾经说过：

> 大家都把我说成是有野心的人，可是我要让上帝知道我是以多么真诚的心来祈祷不要开展这场极富野心的战争。我不能说我不在乎荣誉，然而，如果现在能够恢复《密苏里折中方案》，并从原则上反对奴隶制度的扩张，即使暂时容忍一下现存的陋规，我也愿意支持道格拉斯法官永远在位，我永远也不上任。
>
> 至于国会参议员能不能由道格拉斯法官或我本人当选，这都不成问题。我们并没有那么重要，最重要的是问题本身，而不是我们个人的利益或者官运，假设道格拉斯法官或者我离开这个世界，这个问题也依然存在。

在辩论中，道格拉斯一直强调的是，如果一个州民众中的大多数人都主张蓄奴，那么无论在什么情况下，这个州就应有蓄奴的权利；蓄奴与否他并不在乎，他最著名的口号便是："每个州都要管好自己的事情，不要去干涉别的州。"

林肯对此则坚决地反对，他说：

> 道格拉斯法官觉得奴隶制度应该存在，而我却不那么认为，我们在这一问题上的意见完全相反，这造就了整个论战的差异。
>
> 他的主张是这样的：无论什么地区，只要想蓄奴就可以

蓄奴。如果蓄奴是正确的，那当然再好不过。然而如果蓄奴是错误的，那么，怎么能够任凭人们去犯错误呢？

道格拉斯不在乎奴隶制度的废止与生存，他觉得这就好比农夫依据自己的喜好可以任意在农场上种植烟草或饲养牛羊。然而对道格拉斯法官的想法大部分人不同意，在明辨是非的人眼里，奴隶制度是没有人性的。

在各地区演讲时，道格拉斯一再地说林肯是在坚持主张黑人享有平等的社会地位。

对此，林肯则反驳说：

不，我所做的，只不过是把一个请求替黑人提出来：如果你讨厌黑人，就不用去管他们。假如上帝不肯赐给他们更多的幸福，那么就让他们享受属于他们的仅有的那一点幸福吧。黑人在很多方面都处于不平等的地位，但是他们同样也是人，也应该享受生命，享受自由，有权利追求幸福，他们通过双手赚来的食物就应该归己所有。在这方面，我和黑人应平等，和道格拉斯法官应平等，和任何一个人也应平等。

道格拉斯还多次指责林肯要让白人和黑人通婚。林肯再三反驳：

如果说我反对让黑人女子做奴隶，就意味着要她和我结婚，这种推断我当然不同意。我现在五十岁了，至今一直也没有用过一名黑奴，也没有和黑人结过婚。在这个世界上，已经有足够可以婚配的白人男女，同样，也已经有足够可以婚配的黑人男女。看在上帝的分上，让人们都顺其自然吧！

在辩论中，道格拉斯总是对重点问题避而不谈，试图用模糊的观点混淆视听。林肯则指出他论据不足，说他"企图用一些模糊的、臆想出来的观点蒙蔽人们"。

林肯还说："答复道格拉斯这些根本算不上辩词的辩词，会让我看上去像个傻瓜。"

连道格拉斯自己都明白，他并没有说实话。

林肯说："假如有人坚持说二加二不等于四，而且还一直在强调，那我也没有阻止他的权力。我不可能把他的喉咙掐住强迫他不这样说，同理，我不愿意指责道格拉斯法官的谎言，对这种事情，我真的没有什么恰当言辞来表达。"

这种辩论持续了好几个星期，加入论战的有很多人。利曼·楚门布尔也指责道格拉斯不说真话，说他"是有史以来最不要脸的人"。来到伊利诺伊州攻击道格拉斯的还有著名的黑人演说家菲德烈·道格拉斯。道格拉斯还遭到布坎南派的民主党员的严厉斥责。在外国选民面前，道格拉斯还受到脾气暴躁的德裔改革家卡尔·舒兹的告发。道格拉斯更是被共和党报纸用大标题将其称为"伪造者"。此时，大众的抗议和政党的分裂，让道格拉斯处于力不从心的境地。他绝望地发电报给好友伍修·F·林德："恶狗追咬我。拜托林德来帮我应对。"

发报员把这封电报的抄本卖给了共和党员，它在二十家报纸的头版位置刊登出来，成为当时的一大笑料。

再没有比这件事更能让道格拉斯的政敌开心的了。伍修·F·林德从那开始一直到去世，"拜托林德"一直是人们对他的戏称。

虽然这样，那次竞选的输家依然是林肯。

选举当晚，林肯为等待统计结果留在了电报局，当得知自己失败后，他动身立即回家。当时雨正在下着，外面伸手不见五指，雨水打湿了通向他家的小路，走在上面滑滑的。林肯突然被自己的脚绊了一下，但是他立刻调整姿势才没有跌倒，他对自己这样说："虽然失足了，但是没有摔倒。"

伊利诺伊州一家报纸没过多久刊登了一篇社论，其中提到了林肯，是这样说的：

> 伊利诺伊州所有从政者中最不顺利的真的可以算是可敬的亚伯拉罕·林肯先生了。他在政治上的每一次行动最终都遭受了失败，他从来都没有实现过自己的计划，如果换了别人，恐怕早就无法继续坚持下去。

林肯回家以后发现有那么多人去听他和道格拉斯的辩论，他于是认为可以靠演讲为自己赚些钱。他准备以"发现与发明"为题发表一次有价演讲，听众入场需要买票。他把布鲁门顿一间礼堂租了下来，又请来一位女孩在门口负责卖票收费，可是，最终却没看到一个人影。

他只好再次出现在那间阴暗、脏乱、书架上长出嫩芽的律师事务所。

他这次回来可真不是时候，已经有六个月没有从事律师业务的他，此时没有一分钱的收入，而且早就用光了储蓄，手里的现金还不足以偿还肉铺和杂货店的欠款。

因此，他只能再次驾上他的"老公鹿"，到外地去办案。

11月正值冬季，寒冷的天气突然来临，大雁在灰蒙蒙的天空中大声鸣叫着，排列整齐的队形飞向南方；蹦跳的兔子穿过街道，森林里野狼发出悲嗥声。然而马车上的悲伤男人对这一切没有一点触动。他只是在继续向前赶路，头垂到胸前，他在苦苦地思索，很是绝望的样子。

第七章　提名总统候选人

　　1860年的春季，新成立的共和党召开的大会在芝加哥举行，大会准备提名总统候选人。出乎所有人意料的是，亚伯拉罕·林肯竟然还会有机会上榜。在这之前不久，他还写信对一个报社的编辑说："说真的，我觉得自己当总统并不合适。"

　　那个时候，人们都认为更有希望被共和党提名的是相貌英俊的纽约政客威廉·H·西华德。在开往芝加哥的火车上，代表们曾经举行了一次试验投票，结果西华德获得了相当于其他候选人得票总数两倍的票数。林肯在很多车厢里一票都没有得到，甚至连林肯是谁有些代表都不知道。

　　西华德五十九岁的生日那天恰巧是大会召开的日子。他对自己获得提名信心十足，并打算以获得选举胜利的方式庆祝自己的生日。他在和国会参议院的同仁们告别时显得异常自信，并且把很多的亲朋好友邀请到纽约奥本城的家里来参加庆功宴会，还在院子里特意租来一门礼炮，把礼花弹填装好，准备届时把当选总统的喜讯报告给支持他的镇民。

如果大会从周四晚上开始进行投票，一定会按时发射那门礼炮，从此也会改写美国历史。然而在去会场的中途发选票的负责人可能停下来喝了杯啤酒或是做了些其他事情，总之是他迟到了。结果，所有的与会代表在那个周四的晚上为了填写选票，全都坐在那里等着。天气非常闷热，选举大厅里到处都是蚊虫，代表们又饿又渴，因此决定改为次日早上10点举行投票。

耽搁的这并不算长的十七个小时，足以摧毁西华德的美好前程，把荣耀的总统宝座让给了林肯。

西华德的失败是由荷瑞斯·格里莱造成的。

其实，格里莱并不拥护林肯，但是他对西华德和西华德的经纪人梭尔罗·韦德的意见很大。六年来他一直在耐心等待，他如今终于得到了实施报复的机会。这次在芝加哥举行共和党的提名大会，他在周四休会的那个晚上，整整一夜都没有休息，对所有的代表团进行了一一拜访，对他们动之以情，晓之以理，并使用一些威逼利诱的言语，从晚上到天亮忙活了好几个小时。他也算得上是个名人，在北方有广阔销路的《纽约论坛报》就是他主编的，它比其他报纸的影响力都要大，因此，他发表的建议，人们都会听取。

他从各个角度充分找出指责华西德的证据，他指出共济会曾经多次遭到西华德的抨击，华西德因此获得了反共济会人的投票，从而在1830年当选了州参议员，这在很大程度上造成了不平等。

后来，西华德在担任纽约州州长时，又决定废除公立小学基金，并单独设立外国人和天主教徒的学校，很多人不满和憎恨这一决定。

格里莱还对这些代表说，西华德曾经遭到强大一时的"无知派"的强烈反对，他们宁可为一条狗投票，也不给西华德投票。

不仅如此，格里莱还指出一味冒进的西华德从来就是个奸诈的鼓动者，说他以前曾打算制定一部法规甚至让其高于宪法。边境各州的人被他的这一举动吓坏了，这些人也一定会极力反对西华德参加竞选的。

格里莱保证说："我能让边境各州的州长候选人过来和你们见面，他们能向你们证明我没有说谎。"

他真的做到了，他带动了大家的情绪。

宾夕法尼亚州和印第安纳州的州长候选人挥着拳头发誓说他们这几个州不会投票给西华德，如果提名西华德，共和党一定会惨败。只有把握住这几个州的票源，共和党才能取得竞选的胜利。

于是，拥护西华德的人数开始迅速减少。而此时，林肯的朋友们也开始逐一拜访各代表团，劝说反对西华德的人给林肯投票。他们说，毫无疑问道格拉斯会获得民主党的提名，而能够迎战道格拉斯的人全国没有比林肯更适合的了，因为没有人能像林肯那样做如此周密的准备，只有他能够轻易地应付道格拉斯；况且林肯是肯塔基人，立场不明的边境各州的大部分选票也可能投给他。除此以外，他是候选人中最受西部民众欢迎的，因为他的出身就是底层的劳动者，对民众的了解再清楚不过了。

当那些代表不能被这些话说服的时候，他们采用了另一种策略。他们做出保证，如果林肯当选总统会让卡勒布·B·史密斯在内阁任职，因此得到了印第安纳州代表们的支持；又许诺西米昂·卡美龙将来做副总统，这样，又争取到了宾夕法尼亚州五十六位代表的拥护。

周五早上，举行了正式的投票仪式。

第一轮投票，西华德领先。第二轮，形势发生了逆转，宾夕法尼亚州将五十二票转投林肯。林肯的票数在第三轮后遥遥领先。

全城百姓兴奋不已，难过的泪水从傲慢的梭尔罗·韦德眼中流下，荷瑞斯·格里莱看到这一切，终于轻松地呼出了一口气。

此刻，斯普林菲尔德的情景又是怎样呢？那天清晨，林肯同往日一样去律师事务所。但是他无法集中精神，心也静不下来，只好推开文件，到一家店铺后面打篮球，之后又打弹子球，接下来去《春田日报》看看有没有新消息。报社的楼上就是电报局。当坐在一张太师椅上的林肯正在跟别人探讨第二轮的投票结果时，突然，电报员冲下楼来喊道："林肯先生，提名了！林肯先生，你被提名了！"

这时，林肯的嘴唇微微颤动，脸上泛起红晕，好几分钟都没做出反应。

十九年悲惨的挫败过去了，突然间林肯被捧上了光彩夺目的位置。这个时刻真的是最精彩的！

这则喜讯被大街上的男人们一边奔跑一边喊出。镇长下令发射一百响礼炮。林肯被几十个老友团团围住，大家笑着叫着，争抢着和他握手，把帽子扔上了天，大声狂喊，兴奋地打着呼哨。

林肯只好对他们哀求道："对不起，朋友们，还有第八街的那个小妇人正在等着我的消息呢！"

他飞快地向第八街跑去，松松垮垮的外套下摆在不停地摇晃着。

欢庆的焰火在斯普林菲尔德的街道上燃放起来，整个镇子洋溢着喜悦的气氛，所有的酒店营业至通宵。

没过多久，这首歌谣被所有人唱起来了：

从荒野走来了老亚伯·林肯，

从荒野走来，从荒野走来，

老亚伯·林肯啊，

从伊利诺伊州的荒野走来。

第八章　告别斯普林菲尔德

　　林肯能够踏进白宫，还多亏了史蒂芬·阿诺德·道格拉斯先生，是他导致了民主党内部的分裂，林肯才获得了有利形势。

　　因为对手的内部分歧，林肯在竞选初期就感觉到他会取得胜利，让他担心不给他投票的不是对手，而是自己家乡的人。在斯普林菲尔德有个委员会事先就挨家挨户地调查了投票方向，让人难以置信的最终结果是：林肯的对手道格拉斯获得了镇上二十三名牧师和神学学者的二十张选票。林肯对此抱怨说："他们信仰《圣经》的样子是假装的，总是在嘴边挂着自己是信奉上帝的基督圣徒这样的字眼，但是他们的投票却暴露出他们毫不关心奴隶制度存废的本性。但我知道，这件事上帝会关心的，有正义感的人也会关心，只有那些没有理解《圣经》的人才不关心。"

　　把票投给林肯对手的还有林肯的父系亲戚，他的母系亲戚里也只有一个人支持他。因为这些人都是民主党员，所以才发生了这样的情况。

　　林肯当选的票数低于半数，对手的票数几乎相当于他的一倍半。因此可以说林肯取得的是区域性的胜利，他所获得的二百万张选票中来自南方的只有两万四千张。哪怕发生变数的选票只有二十分之一，那么道格拉斯就可以主宰美国天下了。这样一来，选举结果将会由众议院决定，那么取得这场选举胜利的必定是南方。

共和党在南方的九个州当中没有获得一张选票。试想，在亚拉巴马州、阿肯色州、佛罗里达州、路易斯安那州、密西西比州、北卡罗莱那州、田纳西州和得克萨斯州，亚伯拉罕·林肯得到的票数为零，这个兆头真是不妙。

如果想把林肯当选后美国国内的形势搞清楚，我们要先把那个像飓风一样遍布北方的废奴运动做一番回顾。有一个一心想废除奴隶制度的狂热组织用了三十年时间准备内战，他们印发的无数宣传小册子和书籍极富煽动性，他们的演说家巡回演讲的足迹从南到北遍布了每一个城镇，他们把奴隶穿的破旧衣服、锁他们的锁链和手铐，以及血迹斑斑的鞭子、铁钉和惩罚奴隶的其他刑具展示给人们。他们还让那些逃跑的奴隶现身说法，把他们所见到的血腥场面以及他们所受到的残酷暴行在全美境内讲述。

1839年，美国反蓄奴协会把一本名为《美国奴隶制度现状——一千名目击者的证言》的小册子发行出来，内容包括在烧得滚烫的开水里把奴隶的手摁进去、用烧红的烙铁在他们身上烙出印记、敲掉牙齿，或者用刀刺、用猎犬撕扯奴隶的皮肉，用皮鞭将他们抽死，或是活活烧死绑在木桩上的奴隶；母亲目送自己的孩子被带到奴隶市场上去拍卖时的痛哭；因为生不出更多小孩的黑种女人；愿意和黑人女子同居的身体强壮的白人，还能够得到二十五美元的报酬，因为皮肤颜色较浅的黑种小孩更值钱，尤其是女孩。

"种族混淆"是废奴主义者们使用最多的控诉词。他们指责南方人为"放纵他们的淫欲"而维护奴隶制度。文戴尔·菲利普说："南方是个庞大的妓院，有五十万卖淫的女人是被皮鞭驱使着从事这一勾当的。"

废奴主义者在这本小册子中还把一些肮脏荒淫的故事做了介绍，指责奴隶主强暴自己的混血女儿后，再让其他男人把她买走。史蒂芬·S·佛斯特说："在南方的卫理公会中，做那些不道德事情的五万名黑人女信徒是被鞭子逼迫的，而该区卫理公会的牧师是为了自己纳妾，所以才会支持奴隶制度。"

林肯和道格拉斯辩论时也这样说：1850年的美国黑白混血儿已经有四十多万，他们几乎全部都是白人奴隶主和黑人女奴隶所生。

因为奴隶主的权利在宪法中也得到保护，所以，这部宪法被废奴主义者咒骂为"和死神订下的盟约，和地狱签下的协议"。

《汤姆叔叔的小屋》这本小说是由一位贫穷的神学教授太太在餐桌旁边创作的，它把美国废奴主义文学带到高潮。她在写这个故事时一边写一边哭，情绪特别激动。最后，她说是上帝写出了这本小说。小说把黑人奴隶在奴隶制度下的悲惨生活生动再现出来，得到了数百万读者的喜爱。这本小说是美国有史以来销路最广、影响最大的。

经人介绍，林肯与这本小说的作者哈丽叶·毕歇尔·斯陀相识了，并且把"引起大战的小妇人"这样的称号送给她。

这样充满善意却又荒诞的运动是由北方废奴主义者发起的，带来的结果是怎样呢？南方人会因此承认自己的错误吗？肯定不会的。废奴主义者只能激发出双方的仇恨。这些态度傲慢又爱管闲事的批评家惹得南方人打算翻脸。而这种政治化或情绪化的气氛总是把真理埋没，悲剧曾经多次发生在"梅逊与狄克逊分界线"——自由州与蓄奴州分界线的两侧，甚至造成流血事件。

1860年，林肯成为"黑色共和党"总统竞选的候选人，这时，南方人更加坚信将要废除奴隶制度，所以，他们唯一的出路就是选择奴隶制度或者退出联邦。然而他们最终为什么没有退出联邦呢？他们不是有权利退出吗？

在半个世纪里早就已经反复多次争论这个问题，曾经表示要退出联邦的有多个州。例如，新英格兰各州在1812年的战争期间，就一致通过要成立一个独立的国家，康涅狄格州的议会也通过一项决议，对外宣布自己是一个自由的具有独立主权的联邦国。

各州政府有权脱离联邦的观点就连林肯自己也曾经支持过，他曾经在国会演讲中说：

> 只要他们愿意并且能够做到，任何地区的任何人民都有权脱离现存政府，从而成立更加适合他们的新政府。这是最宝贵、最神圣的权利，我们希望并且相信全世界都能够被这

样的权利解救。

这样的权利并不是只是现存政体的人民所拥有的，不管是谁，只要他具备这种能力，都可以起来革命，守护他们自己的领土。

上面的话林肯在1848年确实说过。然而到了1860年，他已经不再提倡这种想法了，可是南方人却依然在坚信这些观点。林肯当选总统仅仅六周，"分离条例"就在南卡罗莱纳州通过了，军乐和震天的爆竹声鸣响在蔡斯顿城，大街上民众在跳着喜悦的舞蹈，那里的人们以此来庆祝诞生了新的《独立宣言》；其他六个州也立刻加快步伐要求脱离联邦。就在林肯从斯普林菲尔德出发前往华盛顿的前两天，所谓的新国家宣布总统为杰斐逊·戴维斯，而建立这个新国家依据的理论是"最大真理就是黑人最自然且正当的身份是奴隶"。

因为这样的局面没有被即将退位的布坎南总统领导的政府实施有效措施加以控制，林肯只好在斯普林菲尔德束手无策地坐等三个月，眼看着联邦在瓦解，即将分裂美利坚合众国。而这时，南方邦联正在购买大量枪械，修建碉堡，进行训练和演习。林肯明白，到了现在，要想挽救这个国家，内战是不可避免的了。

十分烦恼的林肯夜晚无法入睡，他因过度的焦虑体重整整下降了四十磅。

林肯多少有点迷信，他相信未来的某些事情可以从梦境和一些预兆中看到。1860年，他被选为总统的第二天下午，他回到家后，在写字台对面的沙发上坐下，无意间他发现有两张自己的脸映在写字台上的旋转镜里，其中的一张异常苍白恐怖。他被吓得从沙发里跳起来，随后幻影便消失了。当他重新坐进沙发里时，幻影再次出现，比刚才还要苍白恐怖。他因为这件事焦虑不安，玛丽则认为这预示着林肯将要连任，那张苍白如死人一般的脸预示着他将于第二届任职期间去世。

没过多久，林肯便相信他去华盛顿是送死，的确有几十封画着绞刑架和刀剑的信送到他手上，每一封信的内容都在向他发出死亡威胁。

林肯在大选过后对一个朋友说："我的房子不知道该怎么处理。我不想把它卖掉，以免日后无家可回。可是如果租出去，这个房子过些年肯定会被弄得破旧不堪，无法再使用了。"

有个他认为能够照料好他房子的人最终被他找到了，他以一年九十美元的价格把房子租给那个人，并在《春田日报》上刊登了这样的广告：

出售第八街和杰克逊街转角住宅的全部家具，包括客厅和卧室组件、地毯、沙发、椅子、衣橱、写字台、床、炉子、瓷器、陶器、玻璃器皿等。有意者面谈。

邻居们都跑来看了看，有的人买走了几把椅子和一个火炉，床的价格也有人询问。

林肯对此一概答道："你们喜欢什么就拿走什么，觉得值多少钱就给多少。"

结果，很多东西都被他们用很低的价钱换走了。大部分家具让"西部大铁路"局长提尔顿买去，后来，他把这些东西带到了芝加哥，1871年的一场大火把它们全部烧毁了。

几年后，一个旧书商把林肯留在斯普林菲尔德的几件家具买了下来，并将它们带到了华盛顿，摆放在林肯去世前居住的公寓里。那栋公寓就位于林肯遇刺的福特剧院的对面。那栋公寓现在已经被改造成国立圣殿和博物馆，是属于美国政府的财产。

林肯的邻居当年买到旧家具的价格很低廉，如今它们的价格堪比相同重量的黄金。现在人们对林肯生前触碰过的东西都非常尊崇，它们的身价变得极其昂贵。例如，在1929年的拍卖会上，林肯被布斯射杀时坐的那把黑色胡桃木摇椅拍出了二千五百美元的高价。在最近的一场公开拍卖会上，他手书的任命胡克少将为"波多马克军总司令"的信件也拍出了一万美元的价格。如今，他在战时拍发的四百八十五封电报原稿归布朗大学所有，价值也高达二十五万美元。最近还有人用八千美元把林肯的一份没有签名的普通谈话记录收藏了，而林肯亲笔书写的葛底斯堡演讲稿的价格更是达到了几十万美元。

1861年，斯普林菲尔德的人们并不认为林肯以后会把事业做大，至于他将来会变成什么样他们也没想过。很多年以来，林肯几乎每到早上，就要把领巾围上，拎着菜篮去肉铺或杂货店买东西。到了傍晚，他要去城郊的牧场赶母牛回家，他亲手挤牛奶，为他的"老公鹿"洗刷马厩，烧火劈柴。

林肯开始着手准备总统就职演讲是在他去华盛顿之前的三个星期，为了给自己营造一个安静独处的空间，他躲进一家杂货店楼上的储物间里。他自己没有太多的书，他的合伙律师却拥有一间图书室，林肯托荷恩找到一本《宪法》和安德鲁·杰克逊撰写的《反对各州不服从国会法令宣言》，还有1850年亨利·克雷的演讲稿，以及威伯斯特的《威伯斯特答海涅书》。一篇著名的演讲稿在这间杂乱的储物间里诞生了，他在结尾把对南方各州的期望讲得十分感人：

> 我们之间发生战争并不是我所希望的。我们是朋友而不是敌人，我们不应该互相敌视。虽然情绪会伤害感情，但无论何时我们的关系是断不了的。从全国每一个爱国志士的坟墓延伸出的记忆之弦会抵达所有爱好和平的人们的心灵深处。一旦触碰到善良的本质，每一座炉火边就会响起团结的合唱曲。

在离开伊利诺伊州之前，林肯走了七十英里的路特意去向他继母道别。他依然喊她"妈妈"，她紧紧抱住他，一边哭一边说："亚伯，你不要去当总统，你不要去。那样一定会出事的，我知道，这辈子我再也不能见到你了，我们再见面只能在天堂里了。"

在斯普林菲尔德居住的最后几天，林肯时常回忆起一些往事，他想起了纽沙勒镇和安妮·鲁勒吉。来到斯普林菲尔德和他叙旧告别的一个纽沙勒镇的拓荒者，在和林肯聊天时说到了安妮。林肯说："我曾经对她爱得很深，我至今还常常想起她。"

林肯在离开斯普林菲尔德前，最后一次来到这间阴暗的律师事务所，处理几项业务上的琐事。荷恩回忆说：

处理完那些事后，林肯走到房间的另一侧，在墙边破旧的沙发上躺下来，他的脸朝向天花板。我们都陷入了沉默。过了很久，他问我："比利，我们在一起多久了？"

我回答道："已经超过十六年了。"

"我们俩这么多年谁也没和对方说过一句气话吧？"他问。我回答："没有，真的没有。"

然后，林肯又把他从事律师事业时发生的几件事回忆了一下，讲了他在出巡时遇到的很多有趣的官司，说得兴高采烈……他把已经收拾好并要带走的书和文件捆上，然后就要离开了。他在临走前提出了一个不可思议的要求，说楼梯下面那块生锈的事务所招牌不要换掉。

他的声音很低，语气又比较严肃地对我说："就让它在那里一直挂着，别动它，我要让客户们知道，林肯虽然当上了总统，但是依然存有他和荷恩的事务所，我早晚都会回来的，只要活着。到了那个时候，我们还是合作伙伴，你就当作我压根儿没被选上过总统。"

他又待了一会儿，似乎对事务所有些依依不舍。然后，他走进了狭窄的楼道。我把他送到楼下的时候，他把在竞选总统工作中遇到的一些不愉快的事情说了出来。他抱怨道："我已经厌倦了担任公职的生活，每当想到有那么多的事情等待处理，我就忍不住会发抖。"

林肯当时只有一万美元左右的财产，可是他身上的现金很少，于是向朋友借了去华盛顿的路费。

林肯他们一家在斯普林菲尔德最后一周的生活是在契拉瑞宾馆度过的，他们在离开前把所有箱子、盒子都搬到了旅馆一楼的大厅里，林肯亲自用绳子把它们绑好。他向旅馆服务员要来一张旅社的卡片，把"华盛顿市总统官邸A.林肯"这样的字写在了背面，贴在了行李上。

第二天早上7点半，旅馆门口开来一辆又脏又破的汽车，林肯一家人上了车，摇摇晃晃向着火车站驶去，停在那里的一辆专列正在等着把他们载到华盛顿去。

虽然雨在不停地下，但是一千多个林肯的老邻居依然拥挤在站台上。他们排着长长的队伍，缓缓地走到林肯周围，握着他那瘦骨嶙峋的大手。最后，发车的铃声响起，上车的时间到了，林肯从前面的台阶走进了专用车厢。然而，过了一分钟，他又走出车厢，来到车尾的平台上。

他原本没有准备演讲，并通知了报社他没有什么话可说，因此记者们不必去车站。然而当老邻居们熟悉的脸庞展现在他面前时，他觉得必须要说出一些话来。他在那天早上的道别演讲虽然精彩程度比不上在葛底斯堡的演说或者第二次总统就职演说，但是也十分优美感人，简直可以媲美《大卫王赞美诗》，其中所蕴含的情感和悲伤，是任何一篇演讲词都不能相比的。

林肯在一生的演讲中只哭过两次，那天他在告别斯普林菲尔德时所做的演讲便是其中之一。

亲爱的朋友们：

如果一个人没有处于我这种情况，就一定不会理解我此刻的心情。我现在所得到的一切，都是这里以及这里善良人们的功劳。我在这里住了四分之一个世纪，由小伙变成了老头。我的孩子都出生在这里，其中的一个还长眠于此。这次离开后，什么时候回来，是否还能回来，这些我都不知道。如果上帝不帮忙，我就不会成功。因为有了他的帮助，我才没有失败。请信奉他吧，这样他才会与我同行，也会守候在你们的身边，上帝无所不在，让信奉他的人永远充满信心和希望、幸福平安。我祈求上帝保佑你们，希望你们能在平时的祷告中也为我祈福。现在我和你们的道别是真心诚意的。

第九章　活着进入白宫

美国特工人员和私家侦探在林肯前往华盛顿就职的途中就获得情报，得知有人准备在林肯通过巴尔的摩的时候对他实施暗杀。

林肯的朋友了解到这个消息后非常紧张，劝他更改原先的预定行程，夜晚再用化名赶往华盛顿。开始时林肯坚决反对这种过于胆小谨慎的办法，但在朋友们的苦苦相劝下，终于决定将剩下的旅途秘密完成。

林肯太太听说要改变计划行程，坚持要和林肯同行。大家都劝她坐后面的一班火车，她为此又发脾气，大声提出抗议，几乎泄露了秘密。

在那之前，有关方面已经宣布了如下消息：1861年2月22日，林肯将在宾夕法尼亚的哈利斯堡发表演讲，并且在那里住宿一夜，第二天早上再前往巴尔的摩和华盛顿。

林肯在哈利斯堡的演讲按照预定的时间正常进行，然而却没有在那里过夜。晚上6点，他身上穿着一件旧外套，头上戴着一顶从没戴过的软羊毛帽溜出了旅店的后门，登上了一节没有灯光的火车。这列火车几分钟后载着他驶向费城。哈利斯堡此刻也立即切断了电报线，防止泄露消息。

林肯和随行人员在费城等待换车花去了他们一个小时。为了防止有人认出林肯，林肯和著名侦探亚兰·平克顿搭乘着一辆光线阴暗的出租马车，来来回回地穿梭在市区的街道上。

晚上10点55分，林肯靠着平克顿的肩膀，故意弓着身子来降低高度，以便显得矮一些，他们就这样从侧门走进车站。他的头上紧紧裹着一条旧围巾，几乎遮住了整张脸。他就这样乔装打扮来到最后一节卧铺车厢的尾部。平克顿的一个女助手早已将车厢后段用一块厚布帘与前段隔开，谎称她"病了的兄弟"在里面躺着。

林肯当选总统后，曾经收到几十封恐吓信，说不让他活着走进白宫。陆军总司令温菲尔·斯科特将军非常担心林肯会在就职演讲时遭遇不测，此外担忧此事的还有很多人。

甚至有很多华盛顿人不敢来参加这次就职典礼。

为此，斯科特将军在林肯要进行就职演讲的国会厅东侧平台下安排了六十名士兵，还派卫兵于国会厅后面站岗，也安排了卫兵把守在观众前面。

就职典礼结束后，新总统林肯立即踏上一辆马车，沿着宾州大道返回，身穿迷彩的狙击手被斯科特将军安排在四周建筑物附近，在街上巡逻的是一排排挎着刺刀的步兵。

最后，林肯走进白宫时毫发未损，很多人对此感到很吃惊，但这也让一些人十分失望。

1861年之前，国家陷入财政衰退的悲惨境地已经有好几年了，企图闯进国库的饥民在纽约市遭到政府的派兵拦阻。

林肯就职的时候，仍然有几千人找机会想在新政府任职。得知共和党首度上台，他们认为肯定会辞退所有民主党的公职人员，甚至包括一星期挣十美元的小职员。所以，在当时几十个人争夺一份工作的情形很常见。林肯进入白宫两小时不到，他就被求职者包围了。这些求职者穿行在大厅里，把走廊都挤满了，他们完全占据了东室，私用客厅里甚至也闯进了人。

林肯被乞丐们拉扯着，找他要钱吃一顿午餐。还有一个人向林肯要一条旧短裤。

一个寡妇来替一个男人找工作，因为那个男人答应过她，如果她能找一份可以养家糊口的工作给他，他就和她结婚。

来找林肯要签名的有几百个人。白宫里还闯进来一个开旅馆的爱尔兰妇女，请求林肯帮她催讨一位政府雇员欠下的伙食费。

公务员一旦生了病，就立即有几十个人来找林肯，如果"那个人万一病死掉了"，请求让他们代替他的职位。

送来的求职证明书实在太多，然而林肯却看不完十分之一。一天，两个申请同一个职位的人都塞给了林肯大捆的信件。他没有拆封一封信，将两个包裹直接放在天平上，让包裹较重的那个人得到了职位。

为了求得一份工作，曾经有几十个人多次找到林肯，遭到拒绝后，他们就大骂不止，这些人大部分是无业游民。有个醉汉因为醉得太厉害不能亲自前来，就让妻子代替他来找工作。

他们的贪婪和私心把林肯吓坏了。林肯去吃午餐时，经常被他们拦住，林肯过街道的时候，他们会冲上他的马车，把可以证明学历的资料拿出来给他看，要求得到一份工作。直到就任总统一年后，国内已经进行了十个月内战，林肯依然受到成群暴民的不断纠缠。

他无比惊讶地说："他们难道就永远不死心？"

那些疯狂的求职者把就任不到一年半的扎卡里·泰勒总统谋害致死。因过度劳累而忧愁死去的威廉·亨利·哈里森总统任职不到四个星期。林肯不但要忍受这些求职者的折磨，还要应付那场内战。就算再硬的身子，也有累垮的时候，他后来染上了天花，却乐观地说："现在我倒是有一样好东西，让所有的求职者马上来吧，可以给他们每个人分发一份。"

林肯进入白宫二十四小时不到，一个严重的问题就找上门来。守卫南卡罗莱纳州蔡斯顿港的萨姆特堡军队粮食没有了，若不能及时补给，此地就会被南方联邦占领。

陆军顾问和海军顾问都对林肯说："千万不要去送粮食，只要我们送过去对方就会开火。"

七位阁员中有六位都这样认为，但是林肯清楚，如果他把萨姆特堡放弃，就等于承认并怂恿南北分离，整个联邦就会陷于瓦解境地。

在就职演说中，林肯曾经庄重地"向上帝发誓"，要"保存、遵守自己的誓言"。

所以他下令载着咸肉、豆子和面包的"波哈顿号"轮船前往萨姆特堡，但是船上没有枪械、人员和弹药。

南方邦联"总统"杰斐逊·戴维斯听到这一消息，立即发电报给鲍里贾德将军，指示他在必要时向萨姆特堡发起攻击。

驻守萨姆特堡的南方军队指挥官安德生少校向鲍里贾德将军报告说：若肯再等四天，北方守备队就会因饥饿而撤退，因为他们除了咸肉以外，别的食物已经没有了。

但是鲍里贾德将军却不肯再等待下去，因为他的顾问们觉得，"如果在人民面前不洒几滴血，"那几个已经退出联邦的州或许会重新返回联邦的怀抱。他们认为，只有射杀几名北方佬，南方邦联的团结热情才能被激发出来。

于是，一道悲惨的命令被鲍里贾德下达了，1861年4月12日早晨4点半，一颗划破晨空的子弹射入要塞附近的海里。

这次不间断的攻击持续了三十四个小时。

这次事件被南方邦联当成一场社交盛事：猛射礼炮的勇敢青年们穿着新制服，在码头和营地则有社交名媛为他们热烈喝彩。

星期天下午，南方邦联军从联邦军手中接收的除了四桶咸肉还有城堡，在南方邦联星条旗的迎风招展下和"笨蛋北方佬"的军乐声中，联邦军人乘船撤退回纽约。

整整一星期南方的蔡斯顿港都在尽情地庆祝。他们在大教堂中齐唱"谢恩赞美歌"，上街游行的群众规模庞大，酒店和客栈的客人纵情地饮酒、唱歌、狂欢。

虽然没有多少人在炮轰萨姆特堡事件中伤亡，但是这场战役却造成非同一般的影响，美国南北战争期间一系列空前惨烈战役的序幕被它拉开了。

第三篇

人生落幕

第一章　困难才刚刚开始

战争开始后，林肯下达命令召集七万五千名青壮年男子入伍。一股爱国主义狂潮在全国迅速掀起，盛大的聚会在成百上千座礼堂和广场举行，鼓乐齐鸣，旗帜飘扬，爆竹震天响，在众人面前演讲家们发表激情演说，男人们放下手中的工作，成群结队地参军入伍。

十九万新兵在十周之后开始操练和行军。然而林肯面临的一个大难题，是由谁来率领这些军队呢？军中当时有个大家公认的军事奇才——罗伯特·E·李，林肯打算让这个南方人担任联邦军的司令。如果这一任命能被李将军接受，战争的结果将会大不相同。李将军对是否接受任命进行了仔细斟酌，他诵读《圣经》，祈祷跪拜，整夜踱步在办公室里，想做出一个公正的决断。

他和林肯对很多问题的看法都很相似。例如，李将军跟林肯都讨厌奴隶制度，他早就释放了自己的奴隶。他和林肯一样热爱联邦，相信联邦将会是永久性的，而给一个国家带来"致命灾难"的行为就是退出联邦。

可是问题在于,这个骄傲的弗吉尼亚人把"州"看得比"国"更重要。这块殖民地和州的命运二百年以来一直被他的祖辈们掌握着。当时的大陆军总司令华盛顿在追击英国国王乔治二世的红袄军时,曾经得到他父亲"轻骑兵哈利"的协助。后来他父亲还当过弗吉尼亚州州长,罗伯特从他父亲那里受到的教育就是"州"比"联邦"重要。

弗吉尼亚州加入南方邦联后,李将军终于下了决定:"我不能去做与我的亲人和家乡为敌的事情。我要分担家乡的苦难。"

或许是他做出的这个决定导致"南北战争"多打了两三年。

现在,林肯应该求助哪个人呢?那个时候陆军总司令温菲尔德·斯科特直接指挥北方军队。斯科特将军曾在1812年伦迪巷战役中凭借卓越的才能一战成名。可如今已经是1861年了,他的成名之战已经过去了四十九年之久。现在斯科特将军的身体令人担忧,思维也变得不再敏捷,在他身上已经丧失了年轻时候那股勇往直前的劲头。

况且斯科特将军的脊椎病还很严重。他自己说:"我近三年来已经不再骑马了,甚至走路每次也只能走两三步,并且还钻心地疼。"除此以外,将军还有水肿病和头疼病。

林肯竟然让一个早就应该住进医院、接受看护的老弱病夫承担起南北战争的希望。

1861年4月,林肯政府招募了七万五千名士兵,服役期为三个月。6月下旬时,北方联军里却响起了日益高涨的开战呼声。

主编荷瑞斯·格里莱在他的《论坛报》上不断发表头版社论，每天的标题都用巨大的字母印上"全民呼吁开战""解放里士满"的字眼。

那时，全国处于商业萧条时期。所有银行都不敢轻易贷款，就是林肯政府也得每年支付百分之十二的利息方可借款。整个社会弥漫着焦急不安的情绪，这样的言论人们随时都能听到："喂，听好了，再这样僵持下去没什么用处。不如我们北方军队主动出击，俘虏李将军，给南方狠狠一击，干净利索地结束这场肮脏的内战。"

这种听起来非常鼓舞人心的激进言论，受到很多人的赞同。但真正的军事专家们心里明白：这时北方联邦军队如果不做好足够充分的战略准备，攻打南方军队只能一败涂地。但是林肯总统最终还是采纳了大多数民众的意见，下达命令进攻南方邦联。

于是在七月一个晴朗而又炎热的日子，三万多北方联军在麦克威尔将军的率领下，向驻扎在弗吉尼亚州布尔溪的南方军队发起了攻击。那个时候，还从来没有一个将军在美国指挥过一支如此庞大的军队作战。

但是非常明显，这支看似庞大的军队只能算是一群乌合之众！他们毫无作战经验可言，没有经过充分的战术训练，其中有好几个团的士兵入伍时间还不超过十天，这种人对军纪军规根本不懂。

负责某旅的谢尔曼指挥官抱怨地说："部队行军时，我尽管对部下极力约束，可是却无法阻止他们沿路采摘黑莓、取水，他们喜欢做什么就做什么。这些士兵刚刚入伍，毫无军纪意识，离开行军队伍都很随便。"

那时候，人们认为法国东方籍轻步兵的战士非常优秀，因此，他们的举止和打扮受到不少北方联盟军队士兵的模仿。这样一来，有好几千北方军士兵在开往布尔溪作战的队伍中头戴红头巾，身穿红衣红裤，让整支军队看上去好像一个滑稽搞笑的马戏团，一点没有要向死神挑战的勇士的样子。

甚至有的众议院官员为了去看打仗，头戴丝帽坐着自己的马车前往前线，携带妻子和爱犬，还把很多三明治和波尔多葡萄酒带在车上。

在1861年7月底的一个炎热上午，10点钟，美国南北战争的第一次战役开始了，而这次战役的结果到底怎样呢？

一看到炮弹从头上落下来，北方联邦军队中马上就有人发出尖叫声，被吓得口吐鲜血扑倒在地；在宾夕法尼亚军团和纽约炮兵团服役的士兵，想起了他们马上到三个月的服役期限了，于是提出就地退役的要求。他们当场就退伍了！指挥官麦克威尔写报告给林肯，说退伍的这些士兵"一直顺着南方军的炮声逃向后方"。

其他的北方军队却一直英勇奋战到下午4点半，这时，南方军突然增派二千三百人投入战斗。

于是，整个北方军队传遍了"约翰斯顿的军队打来了"的传闻。

战场上的联邦军队弥漫着恐慌情绪。二千五百名士兵拒不执行命令，逃向四面八方，战场上一片混乱。麦克威尔率领几十名军官对他们拼命进行围堵，然而没有任何效果。

南方军趁势全速进攻，炮轰道路，此时，北方军逃兵、运粮车、救护车和看热闹的议员们乘的马车全部拥堵在路上。高声尖叫的女人们晕倒在地，男人们则破口大骂，有的人在摔倒的人身上踢来踩去。他们在桥上挤翻了一辆马车，道路被阻塞了。人们更加恐慌，场面也更加混乱了。

这些后退的人们以为是南军的骑兵追上来了，就纷纷大声喊道："骑兵来了！骑兵来了！"他们的喊叫声把自己吓得半死，这真是有史以来第一场罕见的战争。

联邦军队就像在被凶神恶煞追赶似的吓破了胆，他们疯狂地逃窜，把枪弹、外衣、帽子、皮带和刺刀统统扔掉了。跑不动的人累得扑倒在地上，后面的马和车子冲上来把他们碾死了。

那天是周日，正在教堂里做礼拜的林肯听到二十英里外传来阵阵炮声。刚刚结束礼拜仪式，他就快速赶到国防部，阅读那些从各个战场陆续发来的电报。他把零散的资料带在身上，匆忙去找斯科特将军进行探讨。而当他来到老将军的住处时，却发现他正在睡午觉。

斯科特将军被叫醒后，一边打着哈欠，一边揉着睡眼，此时，他衰弱的身体已经不能站起来了。他用力抓住天花板上的滑车吊带，把自己肥胖的身体拉直，两只脚从躺椅移动下来。

他语气缓慢地对林肯说："我一点都不了解这次战斗，战场上有多少人我不知道，哪儿是作战地点？武器怎样？使用什么装备？他们能做些什么？没有人告诉过我，什么我都不知道。"这位斯科特将军一问三不知，却在统帅整个联邦军！

他阅读了几封来自战场的电报，告诉林肯不必担心，然后他说他背痛，就又躺下睡了。

联邦的残兵败将们于深夜凌乱地挤上长桥，越过了波多马克河，涌进了华盛顿。

人们在人行道上迅速摆上餐桌，拿出一车车的面包，站在冒着热气的汤锅和咖啡壶旁边，女人们把食物和饮料分配给将士们。

麦克威尔十分疲惫，手里攥着铅笔刚把电文写到一半，就困得倒在树下睡着了。劳累的士兵们则什么都顾不上了，睡在流淌着雨水的人行道上，有的人在睡着的时候，手里的枪还紧紧地握着。

那天晚上，报社通讯员和目击者讲述联邦军队溃败的经过，林肯整整听了一夜。

惊慌的人们不知失措，荷瑞斯·格里莱建议立即无条件停战，他非常坚定地说这样无法征服南方。

伦敦的银行家们断定联邦政府会瓦解，因此他们的驻华盛顿代理人不顾一切地找到财政部，要求美国政府立即为他们的四万美元贷款提供物资担保。联邦当局让他星期一再过来，说或许到时候联邦政府还没垮台呢！

林肯不会把失败当成新鲜事，因为他的一生中经历的失败实在太多了，但他从未失去信心，他现在仍然相信成功最终会到来。他到军队中走访，和沮丧的士兵们握手，不停说着："你们是受上帝保佑的。"他不断鼓励大家，和他们一起吃豆子，希望他们着眼于美好的未来，能够重新点燃起昂扬的斗志。

现在，林肯意识到这场战争不可能在短期内结束，因此，他要求国会征调兵员四十万。国会召集到十万人，并且授权林肯征召五十万人服役三年。

这些士兵由谁领导呢？无法走路、下床要拉滑车吊带、打仗时却睡梦香甜的斯科特将军肯定不行了，他已经不具备这种能力了。

此时，走来一位历史上最令人失望的将军。

对于林肯新政府来讲，困难并没有结束，甚至只是刚刚开始！

第二章　世上最忧伤的总统

乔治·麦克莱伦是北方军队里年轻英俊的将军，在南北战争刚刚开始的那几个星期里，他带着二十门大炮和一个手提印刷机率领自己的部队突袭了西弗吉尼亚，并打败了驻守在那里的少量南方军队。虽然这场战役规模很小，但这是北方军队在南北战争中首次取得胜利，因此它的意义就显得格外引人注目。

取得这次小战役胜利之后，麦克莱伦为他指挥的这次战役的胜利刻意制造声势，他派出手下人用随军携带的手提印刷机印刷了几十份精彩又夸张的战报，把他带兵打败南方军的胜利消息散布到北方。

或许再过几年就会有知情人耻笑麦克莱伦的这种荒唐行为，但是在当时，整个美国还把战争当作新鲜事，从未夺取过胜利的北方人对于持续不断的战事早就心存反感，他们期盼能够出现一个领袖人物率领军队取得胜利，因此，他们非常相信这个年轻军官对其所获战绩的自我评价。联邦国会就此对麦克莱伦进行专门嘉奖，一时间人们把他称为"小拿破仑"。因此当北方军队在布尔溪战役失败之后，林肯总统请他到华盛顿白宫，任命他为波多马可军团司令。

从表面上看，麦克莱伦是个天生就具有领袖才能的人物，只要看到他骑着白马飞奔而来，他的士兵们就会忍不住为他鼓掌欢呼。刚从布尔溪战役中惨败下来的部队被他非常勇敢地接受下来，麦克莱伦为恢复这些人的信心和勇气，鼓舞士气，对他们加强严格的军事训练。在北方联邦军里没有人比他更擅长做这样的事情了。到1861年10月的时候，在整个西方世界里，北方联邦军的军队规模算得上一流了，麦克莱伦手下的军队士气高涨，期盼着尽快与南方军交战。

战士们都要求作战，身为军团总司令的麦克莱伦将军却没有这样的想法。林肯总统再三催促他趁势出击，但他下不了决心，却在忙着举办游行集会，大谈未来战争的计划，他所做的一切都不过是一味空谈罢了。

转瞬即逝的战机就这样被麦克莱伦以各种各样的借口拖延、耽搁了，他不让士气高昂的部队向南方军发起突袭。

他有一次对林肯总统说，军队正在休整，暂时不能对南方军进攻。林肯总统就质问他的军队到底做了什么事情，竟然会累得需要休整这么长的时间。

"安蒂坦战役"之后，麦克莱伦统帅的军队战败。可是当时南方李将军的部队数量远没有麦克莱伦手里的军队多。如果当时麦克莱伦率领军队主动出击，说不定能彻底打垮南方军队并活捉李将军，从而结束内战。在那个稍纵即逝的有利战机面前，远在后方的林肯总统接连几个星期不断地写信、发电报，甚至派出特使前去敦促麦克莱伦乘胜追击战败的李将军。可这位将军最后竟然以他口腔发炎、战马疲惫为借口，拒不执行林肯的命令。

在打"半岛战役"的时候，麦克莱伦所统帅的十万大军被南方的马格鲁德将军只用五千名士兵就阻挡住了。当时，麦克莱伦没有胆量命令他的部队发起进攻，而是在原地修筑起防御工事，还一再发报要求林肯为他增派军队。

林肯总统事后说："如果我再派出十万军队去给他增援，在援军到达后，他一定会答应明天开向里士满。可是，等到明天他还会发来电报，说他的侦察兵探知有四十多万敌军，在新的后援没有到来之前，他是无法开展进攻的。"

当时的国防部长斯坦顿也说："假如有一百万的军队在麦克莱伦手上，他就会发誓说有二百多万敌军，然后一屁股坐在泥地上，叫嚷着增援他的军队要有三百万人。"

这个一步登天被人们称为"小拿破仑"的家伙，头昏得像喝醉酒的人一样，他极度自私自大，竟然用"运气不好的人""猎狗""我见过的几只笨鹅"这样的词汇羞辱林肯和他的内阁成员。

麦克莱伦还对林肯总统显现出十分傲慢无礼的态度。林肯总统去看望他时，竟然在客厅前厅等候他半个小时。有一次，他外出至深夜11点才回家，他的用人告诉他林肯总统有急事要见他，已经在这里等他几个小时了。麦克莱伦却对林肯不理不睬，从林肯总统坐着的房间门外经过，直接上楼了，然后再派用人下楼告诉林肯说他已经上楼睡觉休息了。

不久报纸就把这件事大肆宣扬出来，整个华盛顿纷纷议论此事。泪流满面的林肯太太恳求林肯把这位"可怕的空谈将军" 撤换掉。

林肯总统回答说："这是他做得不对我明白。但在这样的特殊时期，我不能只顾个人的喜好把军队的将领随便撤换掉。只要麦克莱伦能够为我们打胜仗，我都情愿为他提鞋。"

秋去冬来，很快又到了1862年的春天，麦克莱伦将军仍然不采取任何军事行动，他每天只是训练士兵、检阅部队、和手下空谈。

由于麦克莱伦的消极行动，激起了全体国民的愤恨情绪，因此各方也在责难和批评林肯总统。

林肯总统把一份公文发给麦克莱伦将军："进攻的时机一再被你拖延，这样做只会把我方的有利形势给毁掉。"

到这个时候，麦克莱伦采用军事行动完全是迫不得已，不然他就必须自己辞职了。他起身赶往哈普渡口，下令让军队立即准备向南方军队开战。他计划把船只从奇沙比克和俄亥俄运河运来，搭建成浮桥，再把波多马克河的两岸连接起来，从这里攻打弗吉尼亚州的南方守军。但是，直到最后一刻，因为船只过宽，无法穿过运河的水闸，不得不放弃掉整个计划。

麦克莱伦向林肯报告这次行动，接着又说尚未搭好浮桥，只能再延迟几天进攻。林肯在忍耐他多时后脾气终于暴发了，他把多年前在印第安纳州乡间学会的粗话用在他身上："浑蛋，为什么还没搭好？"

此刻，全国的百姓也在用相同的语气质问同一问题。

1862年4月，"小拿破仑"终于照着大拿破仑的样子去做了，他向士兵们讲了一通冠冕堂皇的话，然后，十二万军队他的率领下，唱着拿破仑的战歌《我留在后方的姑娘》出发。

南北双方的战争这时已经持续一年。在刚接管北方军队时，麦克莱伦曾吹牛说他要立刻结束战争，让士兵们回家后还能有时间赶上播种谷物和玉米。林肯总统和斯坦顿在给各州州长拍电报时也非常乐观，让他们停止征召志愿兵，征兵处工作结束，把库房里面的公物卖掉。

"认识你的对手。"普鲁士国王腓特烈大帝说过的这句军事格言千万不能被遗忘。李将军和斯通威尔·杰克逊非常清楚，他们的对手是优柔寡断的"拿破仑"，而且是胆怯恐惧的"拿破仑"，因为这个"拿破仑"从没有上过战场打仗，不忍心看到流血。

因此，在三个月的时间里，李将军慢慢将自己的军队在里士满潜伏下来，当麦克莱伦的军队行进到连教堂的钟敲了几下都能听见的地方时，突然发起一连串猛烈的袭击。双方仅交战了七天时间，麦克莱伦和他的军队被逼无奈退回到避难所，造成了一万五千人的损失。

麦克莱伦所谓的"大军事行动"成了一场惨烈而又可笑的败仗。但是，麦克莱伦依旧批评"华盛顿的那些叛徒们"没有派足够的军队给他，他在这次军事行动中遭到"惨败"是由于他们的

"怯懦和愚蠢"造成的。因此，现在他对南方军的轻蔑反倒没有对林肯和内阁成员的憎恨强烈，他指责他们是"有史以来最为可耻的"。

麦克莱伦的军队事实上要比敌人的军队多得多，可他却再三要求增兵。先是要求为他增加一万兵力，然后又要求增加五万兵力，最后，甚至要求增加十万兵力给他。他明知道这种事情北方政府不可能做到，当然林肯总统也知道这样的要求也不可能满足他。"简直荒谬"——林肯这样回应麦克莱伦的要求。

麦克莱伦失败后，把一封极为无礼的电报发给了斯坦顿和林肯总统。他在电文中像疯狗一样说他的军队是被林肯和斯坦顿摧毁的，麦克莱伦的电报员甚至不愿为他把这封无礼的电报发出去。

这次失败的军事行动造成了国民的恐慌，整个华尔街乱作一团，人们甚至开始为国家的前途担忧。

林肯总统当时消瘦而憔悴，他感叹说："这个世界上最忧伤、最绝望的人可能就是我了。"

这时，麦克莱伦的岳父、林肯资深的幕僚长马西却提出，除了投降，在这样的情况下已经没有别的出路了。

听到这个消息后，林肯被气得满面通红，他立刻派人找来马西，对他说："我的将军，我听说对我们这次战役的失败，你用了'投降'一词来评价。你应当清楚我军是不宜跟这个词放在一起使用的。"

第三章　盆底塌了，盆底塌了！

　　林肯从在纽沙勒镇生活期间学到的经验中明白，租一间住房然后转手买卖些杂货不是很难的事情，但要想凭借这种本事赚到钱，却要有他自己和他的那个酗酒的合伙人都不具备的才干才能做到。

　　这一点也被近几年的战争教训证实了：可以很容易地找到五十万敢死的士兵，或弄到一亿美元购置步枪、子弹和军毯，但是却很难找到一名能打胜仗的军事领导人才。

　　因此林肯感叹地说："一个能主宰军队灵魂的人物，决定着一支军队能不能打胜仗！"所以他一再跪在神坛前，恳求上帝把像罗伯特·李、约瑟夫·E·约翰斯顿或"石墙"杰克逊那样的一位军事人才赐给他。

　　林肯说："杰克逊是个正直、勇敢的军人。国家要想不遭受这样多的灾难，只能由这样的人来领导联邦军队。"

　　谁也不知道该去哪里寻找另一个"石墙"杰克逊。诗人爱德蒙·克劳伦斯·史台德曼写的一首诗中，每节的末尾都重复着这样哀求的语气："请给我们一个人才吧，亚伯拉罕·林肯！"这首诗中反复使用的叠句，也体现了全体美国人民的心声。

这首诗被林肯总统看到后，他流下了难过的眼泪。

为了自己的国家，林肯两年来一直都在寻求一位卓越的军事将领。他曾让一个白痴将军指挥联邦军队，结果他带领着将士们白白送死，害得全国各地有三四万名寡妇和孤儿在哀号痛哭。他撤换了原来的那个白痴将军，可换上来的另一位将军同样无能，结果又牺牲了一万名士兵……

林肯心中无比难过，他穿着睡袍和毛拖鞋，在房间里整夜走来走去。当战争失利的报告送到他手上，他一遍又一遍地哀叹："上帝啊！国人会怎么说？上帝啊！国人又会说什么！"

林肯接着又调换了一位指挥军队的将军，但依旧继续无谓地牺牲他的北方军队。

一些社会批评家当时认为，麦克莱伦将军虽然犯过不少错误，又出奇的无能，但他在所有的"波多马克军"统帅中还算是最好的！相比之下那些替代他的将军就显得更加无能了。

在密苏里作战时波普曾有上佳的表现，率部把密西西比河上的一座小岛攻占了，并俘获了几千名敌军。因此在麦克莱伦失败以后，林肯试用约翰·波普将军统领他的联邦军队。可是波普有两个和麦克莱伦极其相似的特点：相貌英俊，喜欢吹牛。他自称就在他的"马鞍里"指挥他的部队，还把许多夸张的文告发布并张贴出来，不久后，人们就在背后把"爱发文告的波普"这个称呼送给他。

波普就职不久，很快就率领军队进入了弗吉尼亚，因此，波普要在南北大战开始前尽可能掌握军队。麦克莱伦将军接到了林肯发给他的要求他火速派军支援波普的电报。

但这次麦克莱伦没有服从这一命令。他激烈地为自己不去增援进行申辩，故意拖延发兵增援的时间，并不断借口向林肯抗议，最后，还召回已经派去增援的部队，用尽了各种各样恶毒的诡计，不去增援孤立无援的波普。并且他还嘲讽说："问题就由那位勇敢的波普先生自己去解决吧！"

就这样，波普的军队又在布尔溪旧战场上被李将军击溃了，在这次战役中北方联邦军队付出了惨重的伤亡代价，再次惊慌奔逃。

北方联军的第一次"布尔溪战役"惨败的情形再度上演：华盛顿再度涌进了伤亡溃败的北方士兵。总司令李将军率领南方军队乘胜追击，首都华盛顿即将失陷的看法也被林肯总统所认可。河上的炮艇，包括华盛顿的平民和政府职员在内的所有人员都奉命武装起来，在首都华盛顿准备背水一战。

这也吓坏了国防部长斯坦顿，他急忙发电报给北方六个州的州长，命令他们让所有民兵和志愿兵立即乘专车赶到华盛顿前线。他还准备将联邦政府迁往纽约，并下令拆卸工厂一切设备运往北方。

看到这种情况，财政部长萨蒙·蔡斯也下令火速往华尔街的国库中运送国家的金银财宝。

林肯总统极度疲倦且精神沮丧，他呻吟着叹息道："该怎么办……我该怎么收拾残局呢……怎么又输了？又一次输了！盆底塌了，盆底塌了！"

人们都认为麦克莱伦是因为渴望看到"波普先生"垮台所以才不服从增援命令，他希望看到南方军队击败波普的军队。林肯总统把他叫到白宫，告诉他民众要指控他叛国，因为他坐视华盛顿失守，从而让南方军队取得胜利。

斯坦顿部长在国防部里怒气冲冲地咆哮，因为愤慨和怨恨，他的脸孔涨得通红。人们都说，如果当时麦克莱伦碰巧走进国防部，他一定会被斯坦顿冲上前去一拳打倒在地。

财政部长蔡斯对这次战败更气愤，但是他并不想用拳头殴打麦克莱伦以泄愤，他只是说应该枪毙这个叛徒胆小鬼。这话绝不夸张。蔡斯真的想蒙上麦克莱伦的眼睛，把他铐在石墙边，让这个懦夫的胸膛被十几发子弹射穿。

可是，林肯却向来体谅他人，又有基督耶稣般的胸怀，他并不想在这件事上责怪任何一个人。波普的确战败了，但他在这场战役中也尽力了，林肯自己做总统前也曾挫败多次，对别人的失败他当然也不会责怪。

于是，他把去西北方镇压印第安人反叛的任务交给了战败的波普将军，又再度将军队大权交给麦克莱伦。林肯这样做是因为"在北方联军里，麦克莱伦要比任何一个人更能整顿军队……他虽不能胜任领军作战，却可以做好开战前的准备"。

让"小拿破仑"恢复指挥权，使舆论的矛头再度指向林肯。斯坦顿和蔡斯甚至说他们宁愿让南方的李将军攻陷华盛顿，也不愿看到北方联邦军队被这个卑鄙的叛徒重新指挥。

林肯总统面对激烈强硬的反对与声讨，沉痛而又无可奈何地表示，如果内阁一定要求他辞去总统职务，那他自己一定会遵照内阁的意愿去照办。

又过去了几个月的时间，也就是在"安蒂坦战役"之后不久，麦克莱伦将军竟然又一次违背林肯总统的命令不肯前去追击李将军。就这样，麦克莱伦将军的军队统帅职务再一次被林肯总统撤销，他也就此结束了自己的军事生涯。

在无人可选的情况下，毫无办法的林肯总统只能冒险地将军队指挥权交给伯恩赛德将军。伯恩赛德将军对自己有限的能力很了解，知道自己不能胜任这一职务，接连两次拒绝任命。可林肯硬要把北方联军的司令重任交给他，他无奈地哭了。后来，他派出军队对李将军在南方弗雷德里克斯堡的防御工事草率发起袭击，让北方联军一万三千名士兵的性命白白折损，却没能取得一点战绩。

这时，大量的北方联军士兵和军官开始逃亡，因此林肯解除了伯恩赛德将军的职务。这次指挥军队的大权交给了另一位吹牛大王"斗士"乔·胡克。他刚上任不久，就吹嘘说："愿上帝对李将军发慈悲，我是绝不会放过他的。"胡克率领两倍于南方军、他所谓的"全球最好的军队"向李将军发起攻击。可李将军在钱瑟勒斯维尔的河对岸挡在了这位胡吹乱侃的将军，又有一万七千多名北方军人在交战中战死。

这是南北战争开始以来最为惨烈的一场战役。林肯总统的随从秘书在日记里详细记录了当时的情景。林肯在那几个夜晚根本无法入睡，在自己的卧室里来回走动，显得焦急不安，在门外可以不时听见他在喊："又战败了！还是打败仗了！没有任何希望了"，他后来为了给"斗士乔"的军队打气，亲自前往弗雷德里克斯堡，去激励他的联军继续作战。

北方联军接连失败，全国各个方面都对林肯发出斥责与批评。整个北方联邦的民众都从心底对这场战争彻底丧失了信心。

这一边在军事上屡遭失利，另一边在林肯的家庭里也有严重的事情发生。

夏日的傍晚，林肯在工作之余常常会溜出办公室，陪他最喜爱的两个小儿子泰德和威利一起玩"城球"，他们会奔跑在基地的空地上。有时林肯陪他们打弹珠，从白宫一路打到国防部的办公室。晚上，他和他们玩打滚游戏，时常一起趴在地板上。在晴朗的日子里，他跟孩子们及两头山羊会去白宫后面玩耍一段时间。

在那段时间里，林肯的两个儿子泰德和威利让沉闷的白宫异常热闹。他们有时举办诗人朗诵会，有时仆人又会为他们演练军技，有时他们在求职者中间来回奔跑。如果某一位来白宫的求职者讨得他们的喜欢，就会立刻被安排去见"老亚伯"林肯，如果在前门找不到他，他们就去后门找。

他们和父亲一样，也不注重礼法。他们有一次闯进内阁会议厅，打断了会议议程，将母猫在地下室生下了一窝小猫的消息告诉给他们的父亲林肯总统。

有一次，林肯正在与性情严厉的财政部长蔡斯讨论有关国家金融的重大问题，这时，泰德爬到他父亲林肯的身上，后来竟然爬上林肯的肩膀，跨骑在林肯的脖子上，蔡斯气得一时半会儿竟无话可说。

有人把一匹英国小矮马送给威利。从此，他总是坚持骑马，也不管天气怎样。有一天下雨，雨水把他淋得又湿又冷，患上重感冒的他一直高烧不退。为了照看他，林肯每天晚上都要抽出时间坐在他的床边。威利死后，身为父亲的林肯哽咽着说："我可怜的孩子实在太好了！所以上帝不让他在世间活着。我的威利被上帝召回了天国。他的死，真让我难过，我真的难过啊！"

当时，在房间里发生的一切都被凯克莱太太看到了，后来她回忆说："总统双手抱头，因为难过，他魁梧的身躯在不住地发抖。林肯太太凝视着儿子惨白的面孔，不停地在抽泣。由于过度的悲伤，后来她未能参加儿子的葬礼。"

威利死后，林肯太太只要看到他的照片就忍不住哭泣。凯克莱太太说："威利喜欢的任何东西她都不忍心看到，哪怕是一朵花也不愿看见。曾有人把昂贵的花束送给她，可是她却极力避开，打着冷战把花摆在她看不见的地方，不然就干脆扔出窗外。为了避免伤心，她把威利的玩具全部送给别人……威利死后，她从不走进威利生前的客房和卧室。"

一个自称为"科尔契斯特爵爷"的所谓招魂专家被林肯的夫人叫进白宫。而这是个招摇撞骗的家伙，但悲伤过度的林肯夫人却在白宫接见了这样的一个骗子。在昏暗的屋子里，她竟然相信那些刮壁板、拍墙以及敲打桌子的声音都是她死去的儿子捎给她的口信。在他的真实身份被揭穿之后，人们就把他赶出了华盛顿，并且规定他以后不准再进华盛顿搞行骗活动。林肯夫人为此哭得非常伤心。

林肯也整日无精打采，因为失去爱子而感到伤心与绝望，几乎不能办公，未经他阅读的公文和电报如山峦一样高高地堆在桌子上。他的私人医生曾担忧他的精神状况会无法恢复原样。

在那些日子里，林肯有时候会坐在办公室不停地朗读几个小时，听众是他的秘书和侍卫武官。他读的大部分都是莎士比亚的作品。有一天，他给侍卫武官们读《约翰王》，当读到康士坦斯哭泣自己亡儿的段落时，林肯合上书本，开始背诵：

> 红衣主教神父啊，我曾听你说过：
> 在天堂我们将见亲友，且相互认识。
> 倘若如此，我会在天上与我儿重逢。

林肯深情背诵完之后，转身问他的随身侍卫武官："上校先生，你是不是以前也梦见过一个死去的朋友？在梦中你们心意相通，醒来之后却又悲伤地发现这不是事实？而我死去的儿子威利却让我经常像这样梦到他。"林肯刚把话说完，就把头悲伤地趴在桌上，抑制不住地啜泣。

第四章 总统和他的内阁成员

    林肯做总统没多久就发觉，在他组成的政府内阁成员中所存在的纷争和猜忌与他所领导的北方军队差不多，好像所有内阁成员都觉得自己在各个方面都要比林肯优秀得多。他们都这样认为：这个乡下佬行为粗鲁、动作笨拙、又爱说笑话，之所以能当上美国总统，只不过是一次意外的政治事件，林肯只不过是一个侥幸坐上总统宝座的西部小子。

    早在1860年，林肯政府司法部长爱德华·贝茨就被提名竞选总统，当时他也有希望当选。贝茨在日记中这样写道：林肯缺乏个人意志与政治目标又不具备领导才能，共和党却提名他参加总统竞选，这个致命的政治错误非常缺乏远见。

    财政部长萨蒙·蔡斯，也曾在那届总统竞选中有希望取代林肯获得提名，因此，他对林肯所怀有的那种"近似慈悲的轻蔑态度"至死都没有改变。

    国务卿威廉·西华德对林肯当选总统更是愤愤不平。有那么一次，他在自己的书房里来回踱着方步，对一个向他抱怨林肯的朋友大声嚷道："你失望？现在还和我讲什么失望？当初有资格成为共和党提名的总统候选人本来就是我，可后来却因为其他的什么原因让林肯获得提名，我只能眼睁睁地看着这个伊利诺伊州的小律师当选！是不是奇怪啊，你在这个时候却还和我讲什么对当局失望，有意义吗？"

国务卿西华德也清楚，当初如果不是荷瑞斯·格里莱从中捣鬼，自己当上总统是毫无悬念的。因为他谙熟管理之道，自己的优势是有二十年的从政经验。而现任总统林肯管理过什么呢？他只在纽沙勒镇经营过一间小杂货铺，据说还管理得乱七八糟，债务缠身。

是的，林肯还做过邮政工作，不过那只是把放在帽子里的信件带走罢了。

这位"草根政治家"的行政经验就是这些，仅此而已。

这位呆坐在白宫笨拙而心慌意乱的"草根政治家"，现在只能任由形势变化，什么事都做不了，整个国家正在朝着混乱的方向急速发展着。

西华德甚至认为国家需要他担任国务卿来治理国家政务，林肯只不过是一个政治傀儡被共和党摆在前台而已。西华德被大家称为"总理"，为此他颇为自豪。他相信他有责任拯救美国，而且非他不可。

他在被任命为国务卿时宣誓说："为维护美国的民主与自由我会尽职尽责，为拯救这个正处在危难当中的国家我更会竭尽全力。"

国务卿西华德给总统送来那份内容非常无礼的备忘录时，林肯就职还不到五个星期。在美国历史上，总统还从来没有接收过内阁成员这么大胆地提出无理要求的文件。

在这份备忘录的开头，西华德写道："我们当政已经一个月了，可以说在内政和外交上却没有取得任何成绩。"紧接着，他在文件里批评这个曾经在纽沙勒镇的小杂货店做过店员的林肯，语气中显示出他的知识优于总统，并告诉林肯在行使执政权利时怎么做。他最后更是厚着脸皮提出建议——为避免国家坠入苦海，由能干的他来掌管国家大权，从此以后林肯只需屈居幕后。

身为国务卿的西华德在这份备忘录中甚至还把一项更荒唐的建议提出来，让林肯总统大吃一惊。因为西华德对法国和西班牙当时在其殖民地墨西哥的野蛮统治不满，他建议林肯，要求这两个西方大国对他们在墨西哥的行为做出解释，同时，也这样要求大英帝国和俄国。如果美国政府未收到满意的解释，那么美国就同时向这四个国家宣战。

在国家正处于内战期间，这位能干的政治家竟然觉得一场战争还不够打，他希望他的国家最好有几场轰轰烈烈的战争同时进行。

这位能干的国务卿当时真的将一份傲慢的国书拟好了，并打算送交英国大使馆。这份国书中的词句充满警告、威胁和侮辱的语气，如果林肯没有把那些最严重的行文段落删除掉，并将其他句子的语气改得婉转些，一场战争也许真的就会爆发。

西华德对他这一想法做解释的时候说，他愿意看到来帮助南卡罗莱纳州的一支军队是由欧洲各国列强联合组成的，这样的话北方联军就会对这支外国军队发起更加猛烈的攻击，而且在攻打外国敌人时，南方各州的爱国人士也会自发地组织起来协助北方联军。

西华德过于激烈的政治行为，险些致使美国和英国发生战争。事情是这样的，在公海上一艘英国邮轮被北方联军的一艘炮艇拦截了，并把正要前往英国和法国的两个南方邦联官员从邮轮上带走，关进了波士顿监狱。

在这种情况下，英国政府就开始准备向新成立不久的美国政府宣战，他们派军舰横越大西洋运送几千名士兵在加拿大登陆，准备向北方联军发起进攻。林肯由于不愿意卷入两场战争不得不做出妥协，交出那两位南方邦联官员，并向英政府公开致歉。

林肯刚刚执政不久，对西华德在某些政策上的荒唐想法有时会感到震惊。起初林肯刚上任时知道自己在应付眼前的大局上缺乏足够的政治经验，需要西华德用知识帮助和引导他。他因此任命西华德为国务卿，并希望自己能从他那里学到经验。结果林肯的这一举动使得整个华盛顿的人都认为西华德在掌管现任政府的行政权！这一传闻使林肯太太的自尊心深受触动，她的内心燃起强烈的愤怒。她满眼怨恨地催促谦卑而自持的丈夫给西华德一点颜色看看。

林肯只能向她保证："我也许不善于管理自己，但西华德也和我差不太多。现在良心和上帝是我唯一的主宰，人们迟早都会知道这个事实。"现在，大家终于知道了。

蔡斯堪称是林肯内阁中的"契斯菲尔德爵爷"。他长相英俊，身高六点二英尺，天生就有领袖人物的相貌。这个古典学者式的人很有教养，精通三国语言，他的女儿更是华盛顿社交界最迷人、最受欢迎的公主。老实说，他第一次见到林肯时，对这位白宫主人居然不懂得如何点菜感到相当惊讶。

蔡斯崇拜基督教且非常虔诚，他实在想不明白，作为总统的林肯在阅读阿提莫斯·华德或比托林·纳斯比的作品时居然躺在床上。

而且林肯在讲幽默笑话时不分时间和场合，对林肯的这个毛病蔡斯尤为气愤。有一天，从伊利诺伊州远道而来的林肯的一位老友求见林肯。白宫守卫用鄙夷的目光把他上下打量一番，告诉他说内阁现在正在开会，林肯总统不能见客。

可来客漫不经心地和守卫说："开不开会都无所谓。你只需告诉亚伯，说奥兰多·凯洛格来了，并想把口吃法官的故事和他说说，他就会接见我的。"

果然，林肯马上派人把他请进来，一边和他热情地握手，一边转身向内阁成员们做介绍："先生们，这是我的老朋友奥兰多·凯洛格，有个口吃法官的故事他想讲给我们听。这故事非常好听，我们暂时休息一会儿吧！"

在林肯的提议下，内阁成员们只能停止对国事的议论，听奥兰多讲故事。只有林肯一个人在听故事的过程中开怀大笑。

蔡斯认为这件事十分荒唐并对林肯颇感不满，他深深地担忧国家的前途。他抱怨林肯做事情不够严谨，把战争当成笑话，如此下去整个国家将会走向毁灭的边缘。

蔡斯认真对待政治的态度如同一个向往纯真爱情的女中学生那样强烈。他曾指望被林肯任命为国务卿。可他为什么没能如愿？为什么林肯会冷落他呢？为什么傲慢又近似无知的西华德得到了这一重要职位？为什么他自己只能作为财政部长？这一连串的自问越发让他感到愤愤不平。

没错，现在他只是坐在国家权力中心的第三把交椅上，他要把自己政治上的卓越才能展示给人们。1864年的美国总统大选马上快到了，他决心届时一定要入主白宫。他心里在想着下届总统竞选，集中所有精力追逐着总统职位。

蔡斯平时把自己假装成林肯的朋友，可只要林肯不在他的视线范围，他马上就会换上一副嘴脸，变成了最痛恨林肯的人。由于林肯做出的一些政策决定经常会引起权威人士的不满，因此蔡斯就把那些不服林肯命令的人当成自己的同盟，向他们表达自己的同情，还说他们的那些政策建议没有错误，以此来加深这些人对林肯的愤慨和不满。他私下里还向这些人许愿，说如果他蔡斯能成为总统，他们一定会得到优厚的待遇。

这些事情被林肯知道后，他说："蔡斯就像一只苍蝇怀了孕，把它的虫卵种在政府内阁每一个腐烂的地方。"

林肯早已了解蔡斯平日里的所作所为，但他对自己的权力和得失向来都不计较。他说："蔡斯很能干，近来他虽然有点走火入魔地想当总统，使用了一些不太检点的言行，有人因此对我说：'现在是时候该把他挤出去了。'但我不赞成排挤任何人。

如果这个人能把某一件事做好，我就主张让他去做这件事。所以，只要蔡斯能把财政部长的工作干好，对于他热衷于入主白宫我是绝对不会在意的。"

然而，这种情况变得愈加严重，蔡斯只要有不顺心的事就会向林肯提出辞呈。他先后五次向林肯提出辞职，林肯总是在挽留他，对他表示赞美，劝他帮助自己不要辞职。但即使林肯具有宽容的性格，也有无法承受的时候。他们之间开始出现反感情绪，不能很愉快地见面。在蔡斯第六次提交辞呈时，林肯果真就按照蔡斯本人的意愿，批准了他的辞职请求。

这个结果令蔡斯十分震惊。他还以为林肯会像往常一样挽留他，没想到林肯竟批准了他的辞呈。

听到蔡斯的辞职请求被林肯批准的消息，参议院的财务委员全体成员前往白宫向林肯表示抗议，声称蔡斯辞职将是国家的一大不幸，甚至是国家的一大灾难。

林肯让他们把要说的话说完，他静静地听着。然后，他把与蔡斯数次交涉的痛苦经历讲给大家听，说掌握国家的全部权力一直是蔡斯的愿望，他对总统的权威常常愤恨不满。

林肯说："也许他这次是想存心气我，也许是想同前五次那样让我拍他的肩膀将他挽留下来。可是我认为这次自己真的不该这么做。所以我只好批准他的辞呈。从今往后他就此结束了作为一名内阁成员的职权。我将不再与他继续保持以前的关系。先生们，如果你们认为我有必要辞职，这个总统的职位我愿意辞掉，我再也不愿忍受目前这种惹人心烦的处境了，宁可回到伊利诺伊州的农庄，靠耕田和养牛谋生。"

那么林肯又是怎样评价这个曾羞辱、怠慢他的蔡斯的？他说："蔡斯有很多地方超过了我所认识的那些政治大人物，他是他们之中最好的一位。"

尽管他们之间存在嫌隙怨恨，林肯却以最高尚、最宽宏的态度对待蔡斯。他给蔡斯颁布了美国总统所能颁赐的最高荣誉，使蔡斯成为美国最高法院的审判长。

然而，比起火暴性情的斯坦顿，只能用温驯的小猫来形容蔡斯。身材矮小肥胖的斯坦顿外貌像圆球，但生性勇猛、乖张。他的爱女露西去世下葬一年后，伤心欲绝的他从坟墓里把女儿的尸体挖掘出来，又摆放在自己的卧室里一年多。他的夫人去世后，斯坦顿更是每个夜里都将亡妻的睡衣和睡帽摆在床边，垂泪相视。

他可真算得上是个怪人，他的古怪行为让人们认为他处于半疯状态。

在处理一项专利案件时，林肯和斯坦顿相识了，和他们俩同时受雇担任被告律师的还有费城的乔治·哈定。在办理那个案件时，林肯曾对案情进行了仔细研究，并准备出庭辩论，他把辩护词都想好了。可斯坦顿和哈定都认为与林肯一起办案是可耻的行为，他们漠视林肯并当面羞辱他，在法官审案时甚至故意不给林肯机会说话。于是，林肯把自己准备的辩护词稿件交给他们，而他们将林肯的这份辩护稿看得一文不值，甚至都不愿看一眼。当他们辩论结束后，不愿与林肯一同从法院回到办公室，也不让林肯到他们的房间讨论案件，更不用说和林肯一同吃饭了。

斯坦顿那次与林肯做被告的辩护律师时，背地里曾这样说过林肯："跟那么一个笨拙得像只长臂猿的人来往我可不愿意。如果不能和有绅士外表的人在一起办案，我宁肯放弃这个案子。"林肯后来也听说了这话。

那时，林肯说："像斯坦顿那样的羞辱我从未承受过。"他回家之后再度陷入了可怕的忧郁之中，并深为自己所受到的屈辱而伤心难过。

林肯当上总统后，斯坦顿反而更加轻视和厌恶林肯了。他在众人面前说林肯像"白痴一样讨厌"，说他没有能力管理政府，应当下台。斯坦顿这样形容林肯："动物学家杜夏露寻找大猩猩根本没有必要跑到遥远的非洲大陆！要知道现在坐在白宫的总统宝座上挠痒的人才是真正的大猩猩呢！"

斯坦顿还给前总统布坎南写信痛骂林肯，而且还在信中使用不堪入目的词句。

林肯刚刚上任十个月，全国就传遍了对他这届政府的谣言：说什么政府的几百万美元不知去向！投机的人在政府内部！还说什么有不实的战争契约存在，等等。

除此之外，林肯和原国防部长西蒙·卡美龙在如何对待武装奴隶的问题上的分歧也很深。卡美龙国防部长的职务被林肯撤掉，掌管国防部的重任必须要交托合适的新人。林肯知道他的选择将会决定整个国家的前途，也知道领导国防部需要什么样的人。林肯对一位朋友说："我决心把我个人的一切自尊抛掉，让斯坦顿担任国防部长，国防部的工作由他主持。"

事实证明，林肯任命斯坦顿为国防部长是最合适的。

林肯为了国家的统一，可以忍受任何委屈。

斯坦顿主管国防部时，有一次，为了调动某些兵团，有位国会议员请求林肯下达指令，他的请求得到林肯应允，这个国会议员跑到国防部拿出林肯总统的命令，把它放在斯坦顿的办公桌上。斯坦顿态度强硬地厉声说这件事情他不可能答应。

这位议员对他说："你不要忘了我手里握着的这道命令是总统签署的。"斯坦顿立即反驳道："如果这种命令是总统下达的，那么他天生就是一个傻瓜。"

这位国会议员又跑回去找到林肯，他希望林肯会为此愤怒进而辞退这个不服从命令的国防部长。可是出乎他意料的是，林肯听完之后，只是静静地眨了眨眼睛，平缓地对他说："如果我是天生的傻瓜这句话是斯坦顿说的，那我一定是的。因为通常他在战争上总是有正确的看法。我现在就亲自去看望他，听一听他对这件事的意见。"

林肯来到了国防部，斯坦顿马上把他命令中的错误指出来，于是林肯立刻就把那道命令撤回了。

林肯知道斯坦顿做工作一向不喜欢别人去干涉，因此，他通常都让斯坦顿自己决定国防部的事务。他说："我不能把任何麻烦加给斯坦顿先生，他承担着世界上最困难的工作。他会受到军队中未能晋升的几千人的责怪，又有未能任职的几千人也在责怪他。旁人是无法体会他所受到的压力的。而他却像海岸上的一块磐石或者堤坝般顽强地站立着，他的身上承受着海浪的不断打击。所有的怒涛必须由他用自己的职能进行抵挡，使国家这块陆地不至于被海水淹没。这样的压力竟然没有让他倒下，也没粉身碎骨。如果他不站在前面，我肯定早就垮掉了。"

不过，虽然林肯总统一向谦和，但他偶尔也会坚持强硬的立场。这时的情况往往是——"老战神"斯坦顿说不愿去做某件事，林肯会不慌不忙地对他说："部长先生，这件事情我已经决定了，你必须按照我的意思做不可。"

于是斯坦顿彻底执行了林肯的指令。

有一次，林肯下达了一份命令给斯坦顿："不要和我讲什么'如果''而且'或'但是'，我要你把美国联邦军陆军准将的军衔授予艾略特·W·莱斯上校。"

还有一次，他写信让斯坦顿任命某一个人，他在信中写道："不管他是否知道恺撒大帝有什么颜色的头发，你都必须任命他。"

后来，政府内阁里像斯坦顿、西华德等大多数曾经辱骂及轻视过林肯的人，都渐渐地对林肯总统尊敬起来。

当福特剧院对门的一栋出租公寓里的林肯奄奄一息地躺着时，以前骂他是"讨厌的白痴"的铁汉斯坦顿流着眼泪说："人类有史以来最完美的一位领袖躺在这里。"

林肯总统身边有个秘书叫约翰·海伊，他在回忆里把林肯在白宫的工作情形进行了非常生动的描述：

他工作起来根本就不讲究方法。尼克莱和我曾用四年时间，才使一些系统化的潜规则让他稍微适应些。但刚刚建立一个规则，他就立刻将其打破。虽然他对于大多数民众抱怨现行政策与提出个人无理要求的行为非常气愤，可是他却毫无理由地反对那些阻止民众接近他的一切规定。

林肯给人写信的时候很少，在他收到的五十封信里他能看一封都难。刚开始时，我们还设法让他多看一些，但到后来他就完全让我用他的名义回信。我所写的回信他甚至看都不看就马上把自己的名字签上。

林肯自己的亲笔回信每周绝对不会超过六封这个数。如果需要总统亲自处理的华盛顿城区外某个地方的严重问题，他也很少亲自写回信，解决这些问题时他总是把尼克莱或我派去。

平日里他上床休息的时间是在晚上10点到11点之间，第二天他起床非常早。林肯在乡下的"军人俱乐部"居住时，起床时间大都在早上8点钟之前，然后就开始吃早餐。他的饮食十分节俭，每次只是一个煮鸡蛋、一片烤面包和一杯苦咖啡。用过早餐之后，他就骑马去华盛顿白宫开始一天的工作。在冬天寒冷的时候，他在白宫里住就不会这样早起床。即使在他失眠的情况下，次日早上他也要在床上小睡一会儿……

冬天的每顿午餐，他就只吃一块饼干，喝一小杯热牛奶；而在夏天则吃点葡萄之类的水果，他非常克制自己的饮食，比我所认识的任何人吃得都少。

林肯有时候只喝点凉开水就再不喝其他饮料。这并没有其他的特殊原因，只因为林肯对其他东西不感兴趣而已。

林肯如果感到稍有疲劳并想休息一会儿，他就会跑去听别人的演讲或听听音乐，也许会去看戏剧，要不就做些别的事情。

他在那一时期很少主动去阅读。除非我提醒他去看某一篇有点特殊的文章。他几乎从不读报，对此他解释说："我比他们任何人都清楚时局这些事情。"如果说他谦逊，那简直胡说八道。要知道从来就没有一个伟人是谦逊的！

第五章　解放黑奴运动

这个世界上最美好的希望在林肯小心翼翼地推动下正在加以实施，随着时间的推移，他开始准备签署解放奴隶的文件。

南北战争是怎么打起来的？如果你随便问一个美国人，他们给你的答案很可能会是这样："为了拯救受欺压的黑人奴隶而战。"

事情真的是人们所认为的那样吗？

让我们把下面的话看一下，这句话是林肯第一次当选总统时，在他的就职演讲中说的："现有的蓄奴州奴隶制度我无意去干涉，依照法律我相信我也无权干涉，而且我也没有去干涉的打算。"

事实上，在隆隆的大炮声中，南北战乱持续了将近十八个月后，林肯才把他的《解放奴隶宣言》发布出来。在那段时间里，无论是激进还是温和的废奴主义者都在强烈催促他立刻采取实际的废奴行动，并在报纸上公开对林肯进行抨击，还经常通过公开的演讲指责他。

有一次，一群芝加哥的牧师代表团来到白宫前，他们带来了所谓的"上帝即时释奴令"。而林肯则对他们说，要是上帝给他忠告，就一定会直接来到白宫，而不会派遣别人绕路从芝加哥送来。

林肯在解放奴隶问题上的拖延行为让荷瑞斯·格里莱感到异常气愤，为了直接抨击林肯总统，他用尖刻的牢骚话语写了一篇名为《两千万人的祈祷》的文章。

林肯立刻回应了格里莱的文章，他写给格里莱的这篇文章，成为后来南北战争期间的经典文章之一。它有简洁明了、充满活力的内容，结尾更是让人难以忘记：

在这场内战里，拯救我们北方联邦是我的最终目标，保全或摧毁南方的奴隶制度并不是我的目的。如果能拯救我们北方联邦而不需要解放一个奴隶，那么任何一个奴隶我也不会去解放；如果因为拯救我们北方联邦必须通过解放南方奴隶才能做到，那么所有的南方奴隶我都愿意解放；如果为了拯救我们北方联邦，需要我们用解放少部分奴隶、保留大部分奴隶的做法，那么我一样会这样去做的。我相信我在任的政府对现今的奴隶制度和有色人种实施的某些政策上的措施，是有助于拯救我们北方联邦的。我一定会在某些方面保持宽容的态度，因为这种宽容对拯救我们北方联邦是有所帮助的。

我觉得我自己绝对不会去做一些不利于拯救我们北方联邦这一目标的政策措施，而我一定会愿意多做一些对拯救我们北方联邦这个目标有利的事情。每当被证明错误地实施了一个政策时，我就一定会尽自己一切的努力去休整；每当证明正确地实施了某些政策时，我就会按照这种意愿去接受它。现在这个发言我完全是站在公众的立场上来进行的，我对时常自己这样说"愿每个人都能获得自身的自由"，我并不想改变让所有人获得自身自由的这个想法。

林肯那时相信，拯救了北方联邦并制止住奴隶制度的蔓延，奴隶制度到时候就会自然消失。而如果不存在北方联邦了，那么美国还将会延续数百年奴隶制度。

当时与北方联邦站在同一战线上的有四个蓄奴州，林肯知道如果宣布《解放奴隶宣言》的时机过早，那四个蓄奴州就会被逼迫加入南方邦联，这样南军的势力就会增加，甚至北方联邦有被毁掉的危险。当时有这样一句谚语："林肯希望上帝站在他这边，但他非得抓住肯塔基不可。"

所以林肯当时只能静待时机，并且小心做事。

林肯的岳父作为南方庄园主拥有许多奴隶。而林肯太太所获得的处理她父亲地产的资金，其中一部分就是通过拍卖奴隶而获得的。林肯唯一真正的好朋友约述亚·史匹德的出身家庭也曾蓄养奴隶。因此林肯总统非常能理解南方邦联的立场。况且他本身又是律师出身，很懂宪法、法律和产权应该得到每个人的尊重。所以在这个方面，他对待那些对他的政策持有反对想法的人并不愿意提出苛刻的要求。

林肯认为，无论是北方人还是南方人，都应该对美国奴隶制

度的产生负有一些责任，而在当时的条件下，美国要想从根本上
解除奴隶制度，必须要经过南北双方的共同努力才能将其变为现
实。最后，有一项非常重要的政策被林肯制定出来。奴隶主依照
这个政策每释放一个黑奴，政府就会支付给他四百美元的经济补
偿。如果这种做法能够得以实施，那么奴隶主就会渐渐地释放奴
隶。因此，华盛顿周边的各州代表被林肯召集到白宫一起开会，
商讨这个政策，并十分诚恳地希望他的这项建议能被这些代表
接受。

林肯在那次会议上对各州代表说："这个计划就像露珠一样
温和，你们当中任何一个人的利益也不会因它受到损害。难道你
们不同意吗？自古以来没有一件能为人带来如此大好处的事情。
顺从天意吧，如果现在这个时候你们不行动，在不久的将来也许
你们会后悔的。"

然而林肯的这项计划却没有被各州代表所接受，他们这样的
决定让林肯感到非常失望。

他说："为了保全这个政府我必须尽最大的努力。我不妨
明白无误地告诉大家，我会不惜动用任何手段去实施这个计划。
我认为现在我们在军事上势在必行的措施就是解放奴隶、武装黑
人，我不得不在解放奴隶与联邦退让二者之间选择其一。"

林肯必须立刻采取行动，因为英法两国很快就要承认南方邦
联了。

就法国而言，世界公认的第一美女西班牙女伯爵欧仁
妮·德·蒙蒂诺被拿破仑三世娶为妻子，这位法兰西君主正急切

地盼望炫耀一番给老婆看，以便证明自己像他叔叔拿破仑皇帝一样英明能干。他认为美国各州当时正忙着互相残杀，一定没有工夫实施门罗主义，于是他便派出军队登陆墨西哥，杀死了几千名当地土著，把墨西哥征服，并将它纳入法国殖民地，委派马克西米林大公担任墨西哥总督。

拿破仑三世觉得如果南方军在美国南北战争中获胜，那么，他的新殖民地将会从中获利，如果北军获胜，那么法国人就会立刻被统一后的美国赶出墨西哥。因此，他期望南方能成功地脱离联邦，而他则会在法国的能力范围之内协助南方。

南北开战初期，北方联邦的海军把南方的所有港口都封锁了，南方一百八十九个港口受到北方海军的监视，同时北方海军还在九千六百一十四海里的海岸线、海峡、港湾和河流上巡逻。这么大规模的封锁线当时在世界上都是屈指可数的。

南方邦联在被北方的海军封锁所有港口后感到彻底绝望了。因为他们丰收的棉花将无法卖出去，所需的武器弹药、药品、日常生活用品和食物也不能在境外买到了。在那段被封锁的日子里，南方邦联的人民日常喝的咖啡只能用煮栗子和棉花籽代替，他们喝的茶水只能用黑莓叶与黄樟根炖汤来代替。因为缺乏物资他们只能在壁纸上印刷新闻。他们缺少日用食盐，于是把熏肉房里被腌制咸肉的油汁浸泡得脏兮兮的地板挖起来进行提炼。他们熔掉教堂里的所有钟，用来铸造大炮。那个时期他们的炮艇甲板材料是由拆卸下来的里士满的街车轨道做成的。

南方几乎停止了运输，南方军想修筑铁路却买不到新装备，佐治亚州一桶二美元的谷物在里士满要卖到十五美元。所有弗吉尼亚州的人都在忍受饥饿的煎熬。

面对四伏的危机，南方要想解决这些问题必须要立刻想出办法来，所以南方向拿破仑三世提出条件：如果法国承认南方邦联，并派遣舰队前来解除北军的封锁，南方就把价值一千二百万美元的棉花送给法国。此外，南方还准备把大量订单交给法国，这些订单足以让工业发达的法国每一个工厂的烟囱都昼夜冒烟。

正是面对这样的局面，法国的拿破仑三世便企图联合俄英两国与法国一道共同承认南方邦联是美国的合法政府。听到拿破仑三世的建议时，英国执政的那些贵族们兴奋异常。他们可不愿意看到发生美国变得富强的事情。因为美国南北长期分裂、北方联邦政府瓦解才是他们所希望看到的。除此之外，美国南方的棉花也是他们迫切需要得到的，以便使自己国内当时的经济萧条现状得到缓解。那个时候，因为缺少棉花被迫停产的英国国内主要工业支柱工厂已有几十家，失业的一百多万工人处于赤贫状态。那些失业者的孩子们吃不到食物，即将因为食品匮乏而面临饿死危险的人成百上千。有不少英国慈善人士为了募捐不得不跑到世界最偏远的角落，有的甚至到了遥远而又贫困的印度和中国，买回活命的食物送给英国那些失业的工人。

英国现在可以得到棉花的办法只有一个，而且这也是唯一的办法，就是与拿破仑三世一道共同承认南方邦联，并帮助南方解除北方海军对海上港口的封锁。

如果真的那样，美国将会面临怎样的处境呢？首先，枪炮、

弹药、贷款、食物、铁路设备等物资会被运往南方；其次，南方
军会迅速提升信心和士气。

而北方会面临怎样的局面呢？新增的两个强大的敌对国，使
本来就已经恶劣的情势变得更加难以收拾。

亚伯拉罕·林肯总统比任何人都更清楚这一点。1862年，
林肯自己承认："我们几乎快把最后一张牌打完了，现在是时
候该采取必要的措施了，否则在整个战争中我们就会是惨败那
一方。"

在英国人的眼中看来，美国原有的十三个殖民地都是从他们
手中分割出去的。现在南方殖民地要脱离北方而独立，因此北方
政府才会镇压南方，从而引发南北战争。至于是华盛顿还是里士
满统治田纳西州和得克萨斯州，这在那些伦敦政客或巴黎王子的
眼里根本就没有什么差别，在他们看来，这本身就是一场没有意
义的战争。

卡莱尔在他的书中写道："这场南北战争在我们这个时代，
比任何一场战争都显得更加愚蠢。"

林肯认为有必要改变一下欧洲对美国这场南北战争的看法。
他知道，在欧洲读过《汤姆叔叔的小屋》的人大约有一百万，他
们一边读一边流泪，对奴隶制度带来的痛苦和灾难也同样痛恨。
林肯总统意识到欧洲人对这场战争的态度与他发表《解放奴隶宣
言》密切相关，欧洲人毫不关心的联邦存废问题将不再会引起双
方的战争；与之相反南北战争将升华为摧毁奴隶制度而发起的圣
战。欧洲政府届时将没有胆量承认南方的独立。因为一个国家和

政府帮助那些靠武力争取延续奴隶制度的人的做法将无法得到舆论的认可。

因此，到了1862年，林肯终于做出决定向南方邦联发动战争，并把战争宣言对外发布，但那一年，军队统领麦克莱伦和波普却在不久之前的几次对南方的作战中刚刚战败。林肯的国务卿西华德给林肯提建议说不适合此刻发布战争宣言，最好是等到北方联邦军在战争中取得一场胜利后再发布。

听起来西华德的建议似乎很有道理，林肯于是决定静待时机。两个月后，终于传来胜利的消息。于是，林肯立刻召集内阁开会，对自发布《独立宣言》以来最振奋人心的文件进行讨论。

这种意义重大的场合本应该是严肃的，但是林肯在这次会议上却没有表现出与之相适应的庄严肃穆。林肯有个习惯，每当有一个好故事被他发现时，他就喜欢分享给大家。他平常睡觉前在床上阅读阿提莫斯·华德的书，每读到幽默好笑的地方，他就立即穿着睡衣起床，走过白宫的各个厅堂来到秘书办公室，给他的秘书们朗读他看到的笑话。

林肯在讨论《解放奴隶宣言》的内阁会议召开的头一天，刚刚看到一本华德最新出版的书。一个名为《乌蒂克的专制暴行》的故事写在这本书里，他觉得这个故事很有意思。于是他就忍不住在开会之前先读给大家听。

林肯笑过之后，就把华德写的那本书随手放在一旁，立刻表现出严肃的神情，对他的内阁成员们郑重地说："我决定把发布《解放奴隶宣言》的时间放在我们把驻扎在菲德烈城的南方叛军赶出马里兰之后。我从来没和你们中任何一个人提到过这件事，但那时我对自己发誓了，也承诺过仁慈的上帝。如今，我军已从菲德烈城赶出了南方叛军，因此我要兑现自己过去的承诺。今天我把大家召集起来，宣读我已经写好的这篇宣言。我个人不希望对宣言的整体方面做任何修改，因为我已决定这样去做了。我是反复推敲过这些文字之后才决定的。你们当中如果有哪一位认为在某些细节或措辞方面应该修改一下，我也非常乐意接受。"

首先，西华德建议略微修改《解放奴隶宣言》中的一些措辞，可是没过几分钟，他又建议修改另一项。

林肯问他：为什么你不把两个建议同时提出来呢？林肯给他的内阁们讲起了一个故事，接着便停止了讨论修改《解放奴隶宣言》的会议。他说，有位印第安纳州的雇工告诉农场主说他最好的两头公牛有一头死了。那位雇工过一会儿又向农场主报告说："您的另外一头公牛也死了。"

郁闷的农场主问他："两头公牛都死了你为什么不同时都告诉我呢？"

雇工想了想，回答道："噢，为避免让你难过，我只是不希望把太多的坏事同时告诉你。"

林肯向内阁提交《解放奴隶宣言》是在1862年9月，可这个宣言一直等到1863年1月1日才生效。国会在1862年12月开会时，林肯恳请国会支持他的这个宣言，并且用了一句十分壮美且蕴含诗意的话来表达他的请求。

他神情庄重地谈到了北方联邦的未来："我们要么保全高

贵，要么悲伤地把世间最后且最好的希望抛弃。"

1863年1月1日，林肯在白宫会见来访的客人时用了几个小时与他们逐一握手。那天下午，他在自己的办公室里手握浸满墨水的鹅毛笔，在准备签署《解放奴隶宣言》时，他略带迟疑的神情对国务卿西华德说："如果在这个世上奴隶制度没有错的话，那么就再也没有其他的错事了。我从来没有比现在更确定自己做出了一个正确决定。不过，我从早上9点钟去接见来访的客人并和他们一直握手，到现在我的手都变得僵硬和麻木了。在未来人们会密切关注这份签名，他们如果发现我的签名字迹有些歪斜，他们恐怕会说：'林肯的良心有点不安了！'"于是，他好好地休息了一会儿，让手臂得以放松些，然后才在文件上慢慢地签字，使得美国数百万黑人奴隶被解放了。

当时的人们并非十分欢迎与赞许这份宣言。在回忆当时的情形时，林肯的密友奥维尔·H·布朗宁写道："让南方邦联变得比以前更加团结和愤怒，而让北方联邦政府变得意见分歧、精神涣散，这是它的唯一效果。"

北方联邦军队中所发生的一些叛变行为，是因为有些人不愿为了解放黑奴而去挨枪弹，他们也不愿让黑人有与白人相等的社会地位。叛逃的现役士兵成千上万，而各地新兵补员数额明显减少。

当时林肯十分希望得到民众的支持，可结果恰恰相反，原来多数支持他的人都在逐渐背离他。在秋季的总统大选中，林肯的支持率迅速下降。当时选择不再支持共和党的甚至还有他的家乡伊利诺伊州。林肯在总统选举中失利，接连传来战场上失败的消息，北方联邦军在菲德烈堡那场战役中再次遭受一万三千人的损失。十八个月的时间里这种糟糕的情形一直在持续着，又好像要没完没了，不知道会在哪一天终止。北方联邦军战败的消息震惊了全国，人民对这场战争已经彻底绝望。因此，全国各个阶层向林肯总统发起猛烈的批评和指责。林肯的下届总统选举失败了，他的将军带领军队也失败了，他正在实施的政策还是失败了，美国人民再也不愿接受他的领导了，对他发起反击的还有现任参议员的共和党党员。这些人有的想逼迫林肯退出白宫，有的要求他改变政策，并强烈要求林肯解散他的内阁。

林肯神情黯淡地说："他们想要把我赶出白宫，其实我自己也愿意像他们所想的那样去做。"

这个时候，就连荷瑞斯·格里莱也在后悔自己做过的一件事——1860年因为他的原因，林肯获得了共和党提名。

荷瑞斯·格里莱说："这个错误是无法挽回的，在我一生所犯的错误中，这是最大也最致命的错误。"

于是，格里莱串联一些激进的共和党党员对林肯总统进行弹劾，逼迫林肯辞去总统职务，让副总统哈姆林主持白宫工作，然后逼迫哈姆林让罗斯克兰斯将军指挥联邦军。

当时连林肯自己也承认："我们现在已经处于濒临毁灭的边缘。我自己也感觉到和我作对的甚至还有上帝，几乎一星半点胜利的希望也看不到啊！"

第六章　最恰当的几句话

1863年的春天，春风得意的李将军在取得了一连串耀眼的胜利后，打算主动攻打北方，去占领北方富裕的宾夕法尼亚州，然后把它作为南方军的后勤基地。如果他能成功实现目标，衣衫褴褛的南方军队就可以获取食物、药品和新衣服；他或许还可以占领华盛顿，从而迫使法国和英国承认南方邦联。

这次军事行动真可谓大胆而又冒险的。那时候，南方军对自己夸口说的话深信不疑，他们说一个南方人可以打赢三个北方佬。南方的士兵听军官们说，进入宾夕法尼亚州后每天可以吃两顿牛肉，这些士兵巴不得立即出发。

在离开里士满之前，李将军在为一封家书而担心——老师在上课时把他正看小说的女儿抓住了。为此这位大将军感到苦恼，他给家人回信说，柏拉图、荷马等古典名作家的作品以及普鲁塔克写的"传记集"等方面的书籍应该让女儿多看一些。李将军写完信，照常读一会儿《圣经》，然后跪地向上帝祷告。

几乎没用多久，南方军队的七万五千人在李将军的率领下出发了，物资匮乏又忍受饥饿的南方军队渡过波多马克河后，随即让北方联邦陷入恐慌之中。

当哈利斯堡被南方军的大炮狂轰猛炸时，李将军忽然得到情报说，为了不让他得到后援，北方联军将要把他军队的后方切断。于是，他指挥部队像愤怒的公牛被狗咬了后腿一样迅速掉头回撤，在宾夕法尼亚州一个寂静的小村庄里与北方联军展开决战。这个隶属于葛底斯堡的小村庄有个当地的神学院，美国历史上南北两军最著名的一场战役就在那里打响了。

战斗刚刚进行两天，联邦军就有两万多人的损失。战斗进行到第三天，李将军想一举歼灭北方军，于是命令乔治·匹克特将军率领增援部队猛烈攻击北方军队。

这种战术策略是沉着老练的李将军新采用的。他的军队在此之前作战都是躲在墙后面或隐藏在树林里，而此刻他准备要在地面向北方军展开进攻。

助手朗斯翠将军十分惊讶和恐慌总司令李将军的这一计划。他惊叫起来："我的天啊！李将军，你看现在我们和北方佬之间的兵力相差多么悬殊。他们的地理位置有陡坡和围墙，他们的武器有大炮。先生，我们现在在以步兵对抗他们的炮兵来进行进攻。要冲过没有遮掩物的一英里路，我们的士兵将完全暴露在他们的霰弹筒和榴霰弹攻击射程之内。有史以来还没有一万五千名战士能占领那个制高点。"

可南方军总司令李将军的进攻决心已定。他对朗斯翠将军说："像我们今天这样的勇敢善战的战士以前的军队里没有过。

只要适当指挥，没有什么地方他们不能去，没有任何困难的事情做不到。"

李将军坚持按原定计划进攻，但他也因此犯下了他一生中唯一且最严重的错误。

南方军沿着神学院的山路闯进的地区恰在北军布置的一百五十门大炮的射程范围。如果今天你去参观葛底斯堡，还可看到当初留在那里的大炮，它们现在仍然存放在原先的位置上。这些大炮当年所形成的火力打击网，是任何人也不能抗拒的，可以说是谁都无法逃脱的。

这一次，总司令李将军的判断能力不如给他做了多年助手的朗斯翠将军。这位助手将军不愿看到这次反击只能造成本来兵力就匮乏的南方军的无谓牺牲。他沉默着低头不语，不肯下达李将军的命令。可他这样做无用，名叫乔治·匹克特的将军代他下了命令，他听从李将军的命令，率领军队做出了这次战役里最精彩、也是最悲壮的进攻。

现在统帅部队攻打北方联邦军队的李将军曾是林肯总统的老朋友。实际上，以前还是林肯帮忙才使李将军得以进入西点军校学习军事。

这支冲锋的队伍在匹克特将军的率领下跑步前进，他们快速穿过果园、玉米田和草地，跨过他们眼前的每一条小溪。这时，北方军的炮弹落在他们冲锋队伍中间，在地上炸出了一个个可怕的大坑，但南方军将士们仍然在迅速地向前冲锋。

这时候，隐藏着的北方联邦军突然从石墙后面跳出来，向那些没有防卫力量的南方进攻队伍不断地射击。刹那间整座山变成了火海和屠场。几分钟不到，匹克特将军手下的旅长几乎全部阵亡，只剩下一位还活着。而此刻他的五千名士兵有五分之四倒下了。

匹克特将军和他的士兵们在炫目的烈焰和窒息的烟雾中闯过一架架炮台，与阿米斯台一起冲破了北方军的防线，并在公墓岭插上南方军的战旗。

他们的战旗虽然只在那里飘扬了很短暂的时间，但那是南军在此次战役中标志性的举动。

尽管匹克特将军光荣而英勇地率领南方军发起了这场反击战，但它却无法阻挡南方军走向覆灭的脚步。李将军清楚自己必将失败，他知道无法再攻入北方。

南方军失败的大局已定。

1863年7月4日晚，罗伯特·李将军率领南方联邦军向南开始撤退。当时正值全美洪水泛滥成灾的雨季，当溃败的军队在罗伯特·李将军的带领下退却到波托麦克时，密西西比河因为降雨河水开始暴涨，这让南方军无法渡河，而北方联军正在南方军的背后乘胜追击。前有洪水，后有追兵，这使得罗伯特·李与他的军队处在困境中，不能进退。

林肯认识到这是歼灭南方同盟军、俘虏罗伯特·李将军的绝佳时机，这场战争即将结束。他充满信心地给联军司令米德下达命令，不需要召开军事会议，立即攻击罗伯特·李所率领的残余部队。林肯先是发出电报命令进攻，随后又派遣特使督促联军司令米德立即采取行动。

可是，联军总司令米德将军面对这个绝佳时机采取的行动却与林肯总统的命令背道而驰，他没有乘胜追击，而是召开军事会议讨论，进而在行动方案做出来后，还是举棋不定。他致电给林肯总统找了无数个借口，拒不执行对罗伯特·李将军溃败的军队采取军事行动的命令。结果洪水退去，溃败的南方军队在罗伯特·李将军带领下，从波托麦克顺利渡河得以逃回密西西比河对岸。

这个消息被林肯知道后暴跳如雷，对着自己的儿子劳伯托大声叫喊："我的上帝啊，米德到底要干什么？我们已经包围了罗伯特·李的军队，只需伸手就可以抓住他们。在这样有利的形势下，罗伯特·李的军队可以被任何一个人带领的军队消灭掉，即便是我这样不懂打仗的人都能够做到。"

林肯给米德将军写了一封信，心情沉痛又失望。1863年的这段时间，是林肯一生中遣词用语都非常小心谨慎的时期，因此，林肯亲手写的这封信，当中的斥责应该是那段时间里用词最严厉的了。信的内容如下：

我亲爱的米德将军，让南方李将军在这次战役失败之后又马上得以逃脱，这对我们而言是多大的不幸，这一点我想你还不清楚。要知道他当时已经被我们牢牢控制住了，假如当时我们能够当机立断彻底消灭他的军队，再加上我们军队新近在战场上不断取得胜利，很有可能就结束了这场内战。

可如今不得不延续这场战争。在上个星期的那场战役中，你在完全占据优势兵力的情况下，南方李将军的军队并没有被你完全击溃，那么等你到了河的对岸，那时候我们的兵力只是当时的三分之二，你还能取得像这次战役所获得的胜利吗？如果我还指望你能在下次战役中获取多大战果，那么我就未免有些失当了，因此，我也不敢有这样的指望了。击溃南军的最好时机已经让你错过了，为此我感到非常的痛心。

林肯把这封信写完后，抬起头在桌案前凝视窗外独自言语："如果我在葛底斯堡前线和米德一样，在上星期的战役中看到四处都是鲜血的惨烈情形，死伤战士呼救、呻吟的声音时时都能够传到耳朵里，那么在向罗伯特·李的军队发动进攻时或许我也会像米德那样等一等。如果我也像米德那样有着谨慎的个性，那么在那种情形下我也会做出和他一样的决定。"

这封信并没有被联军司令官米德看到，因为林肯没有寄出去。直到林肯去世之后，人们在整理他的文件时才发现这封信。

1863年7月的第一个星期发生的葛底斯堡战役，让六千具尸体留在了战场上，此外还有两万七千名伤兵。惊天动地的痛苦呻吟声回响在由教堂、学校和谷仓改成的临时医院。每小时都死去数十人，尸体因为天气炎热迅速腐化，不得不加紧工作的埋葬队，连挖坟坑都没有太多时间，所以掩埋时只在尸体上面盖上一点土了事。但一阵大雨过后又会有许多尸体半露出来。因此，政府只能从临时的坟墓中挖出联邦士兵的尸体，然后另行埋葬。公墓委员会决定于1864年秋天举行一场神圣的葬礼仪式，美国当时著名的演说家爱德华·艾佛瑞特受邀前来演讲。

此外，总统、内阁成员、米德将军、参众两院的议员、几位德高望重的平民和外交使节团的成员也收到正式邀请来参加这一仪式。然而，接受这次活动邀请前来的人很少，一些人甚至说自己没有收到过这样的邀请函。

可是，日理万机的林肯总统答应亲自参加仪式，这是人们万万没有想到的。事实上，他们知道总统收到的并不是亲笔写的请帖，只是给林肯寄了一张印刷的卡片，他们以为总统秘书不会送给林肯看，而是直接丢进废纸篓里。

所以当林肯总统回信告诉他们说要出席仪式时，治丧委员甚至都感到惊讶，而且很是尴尬。那么，他们该如何应对呢？请他发表演说？可有人说整日忙碌的林肯根本没有时间写演讲稿。另外还有人很明确地对林肯表示怀疑："算了吧，就算他有时间，可是他具备那种能力吗？"

是的，可以说林肯有能力在伊利诺伊州发表政治演讲，但在公墓的圣礼中要让他做演讲，那可就不一样了，因为林肯的演讲风格与这种场合不符。他们因此给林肯回信说，希望总统在艾佛瑞特先生演讲完后，能够说"几句恰当的话"。就几句恰当的话？对，他们就是这么写的。

这样的邀请函简直可以算得上是在侮辱林肯总统，但是林肯接受了。因为这里面还牵涉到一件趣事。林肯曾在前一年的秋天，去过安蒂坦战场。那天下午，和他一同驾车前往的还有他的朋友——从伊利诺伊州来的华德·拉蒙，林肯总统请拉蒙唱那首他最心爱的歌曲"小哀歌"。

拉蒙后来回忆说："不管是在伊利诺伊州巡回办案还是在白宫，我和林肯单独在一起的时候，只要我唱起这首小曲子，总能看到他落泪。"

这首歌的歌词如下：

我流浪到这个小村庄，亲爱的汤姆；

坐在学校操场上那棵为我们遮阴的树下；

可很少有认识我的人前来问候，汤姆，

没有人知道二十多年来谁陪我们在绿地玩耍。

小溪边榆树上，你知道我刻过你的名字，

下面再刻下你情人的芳名，亲爱的汤姆；

那时，你也同样把我的名字刻在了上面，

可是此刻有位狠心的坏蛋已剥掉了树皮，

没有了树皮的老树只能孤独地慢慢死去，

正如同二十年前你刻过的那个芳名一样，

早就不见了她的容颜，现在她已经远离。

多年来我的泪水早就干涸，亲爱的汤姆，

此时此刻泪水却又再次溢出我的眼眶，

我想起深爱着的她，想起已了断的情缘，

如今我来看望她那长满萋萋野草的荒冢，

把鲜花撒在二十年前我那心爱之人的坟上。

拉蒙每次唱起这首歌的时候，可能林肯就会想到他唯一爱过的女子安妮·鲁勒吉，想到她在伊利诺伊草原的荒冢里冷冷清清地长眠。触动林肯回忆起辛酸的往事禁不住地流下眼泪。为消解林肯心头的忧郁，作为好友的拉蒙又为林肯演唱了一首黑人幽默歌曲。

这本来就是件很简单无伤大雅的事情，然而林肯的政敌经过肆意歪曲和夸大事实，竟把这件事说成是国家的奇耻大辱，说林肯这样做是对死者的最大不敬。《纽约世界报》把这件事当作丑闻连续登载近三个月，控告林肯在"埋葬大队人员死者"的战场上讲笑话，唱滑稽小调。

林肯根本就没说笑话，也没有唱歌，事实上这事发生时林肯还在离战场好几英里远的地方，而下葬那些死者的仪式早已结束了。可这个事实根本就不被林肯的政敌们理会，他们愿意看到别人心里流血。这个消息一经报道，举国上下响起一片批评林肯的声音。

这件事深深地伤害了林肯的心，他无法忍受那些攻击他的文字，可他又觉得对于此事自己不能马上就进行澄清和辩解，否则只能在人们心里抬高他政敌的分量，因此面对这一切他不得不默默地承受着。他很高兴收到在葛底斯堡公墓献祭仪式上演讲的邀请函，因为他认为这正是能够封住政敌嘴巴的最好机会，并可以此向死者表达敬意。

由于邀请函送来得太晚了，林肯准备演讲词的时间只有短短两周。因此，林肯利用更衣、刮胡子、吃午餐，以及往来于斯坦顿办公室和白宫路上的时间，尽量抽空思考如何表达思想。即使他躺在国防部的沙发上等候最新战报时，他也在推敲琢磨这篇演讲稿。他在一张浅蓝色的纸上写下初稿后，放进帽子里戴在头上走来走去。演说前的星期天，他说："我已经重写过两三遍了，不过还未完成。我还要再做修改才能放心。"

林肯抵达葛底斯堡时是悼念死难战士祭礼的前一天。这个平日里只有一千三百人的小镇，现在却有近三万人挤了进来。那是个天气晴和的日子，夜色清明，一轮明月高挂中天。来观看死难战士祭礼的人很少有找到床铺的，更多人是闲逛在街上等待天明。水泄不通的人行道很快就拥堵了，为了打发时间，几百人手挽着手在泥街上边走边唱。

而那天晚上，林肯修改他的演讲稿用掉了一整晚的时间。他来到隔壁西华德住处时已是深夜11点，林肯给他大声地朗读刚完成的演讲稿，并请他批评。第二天吃完早餐后，林肯还在斟酌，直到敲门声笃笃地响起，他才想起该去公墓了。林肯在游行开始时还坐得很直，但不久他就陷入沉思之中，往前倾斜着身子，脑袋垂在胸口，还在温习着他的演讲稿。

演讲家爱德华·艾佛瑞特的演说是这次活动里的重头戏，但他在葛底斯堡犯的两项错误是很严重的，一是他迟到了一个小时，二是他用了长达两个钟头的时间进行演讲。

在这之前林肯就把艾佛瑞特的这次演讲稿阅读过了，当他感觉对方就要结束演讲，马上就要轮到他演讲时，还觉得没有准备充分，于是他把大礼服口袋里的手稿抽出来，戴着有些落伍的眼镜把讲稿又迅速地温习了一遍。

很快，拿着演讲稿的林肯走上演讲台，发表这场演说只用了短短的两分钟。

11月的下午光线柔和，即将开始的有史以来最伟大的演说还没有被察觉，大部分听众对林肯的演说只是感到好奇，因为美国总统讲话他们从未亲眼见过也没有亲耳听过。他们伸长脖子盯着林肯的眼神里全是好奇，他们发现林肯身材的高度超出了他们的想象，他说话的声音带有南方腔调尾音且尖细。对此他们深感惊讶，因为他们忘记了肯塔基人林肯的南方腔是土生土长的。林肯结束了演讲后，他们以为他只是刚说完演说的介绍词，马上就要开始正式演说，这时却发现林肯回到座位上坐下了。

这是怎么啦！林肯忘记演说词了？还是他本来就想说这么少的话？人们既吃惊又失望，一时居然忘记了鼓掌。

早年在印第安纳州生活时，林肯的家里常用一个生锈的铁犁耕地，一旦那铁犁糊上泥土就锈得一团糟，于是"擦不亮"就成为常被当地人使用的词汇。林肯在一生中也常用这个词汇来形容某件事情失败时的心情。

林肯此刻见到眼前的场面，就转身对好友说："拉蒙，我的这次演说很糟糕，一点都擦不亮，我的演说好像让大家很失望。"

他说的没错，那天在场的所有人都感到失望，失望的还有和林肯总统同坐在台上的爱德华·艾佛瑞特和国务卿西华德。他们都感觉到林肯的演讲失败了，也为他感到难过。

林肯自己也为此十分苦恼，他的头剧烈地疼痛起来，他在回华盛顿的路途中，为抑制头痛，不得不在火车的总统包厢里躺着，用冷水洗头。

林肯至死都认为那次在葛底斯堡的演讲是彻底失败的。如果看当时现场听众的反应，那的确是失败了。

生性谦虚的林肯认为，当时他在葛底斯堡所说过的话以后也不会引起世人注意并很快就会被忘掉，但是那些为美国统一而牺牲的烈士却会被人们永远牢记。如果林肯知道今天他最受人称颂的演说正是那篇"擦不亮"的在葛底斯堡的演讲词，不知道他的反应会是怎样的惊奇。如果他发现后人已经遗忘南北战争，而他自己在葛底斯堡不到两分钟的演说稿到今天仍被尊为古今文学作品的经典，林肯定会惊讶得无话可说。

确切地说，林肯在葛底斯堡的演说，并不仅仅是为悼念而准备的，它表现出一个神圣的心灵在蒙受苦难后提升为伟人的历程。林肯写作它时处于不自觉的状态，然而它却是具有史诗般壮丽深刻的散文诗：

八十七年前，在这块大陆上我们的先祖们建立了一个孕育自由、主张"全民生而平等"的新国家。如今我们进行的这场伟大的内战，正在考验着这个国家能否在世间长存。我们相逢在这个大战场上，给那些献出生命来保护国家的人献出战场上的一部分土地，作为他们的最终安息之所，我们这样做的理由将百分之百适宜，而且百分之百恰当。

但是从广义上来说，我们无法供奉也无法献祭那些伟大的英灵，我们无法使这块土地变得更为神圣。曾在这里奋斗过的勇士和烈士们，已使这块土地变得无比圣洁，我们微弱的力量显得多么微不足道。我们此刻所说过的话不大会被世人在意，也不会永远被记得，但是，烈士们的光荣事迹却永远不会被忘记。

他们的未竟事业应当由我们这些幸存者担负起来。我们应当献身于眼前的伟大使命，只有这样，我才能继承这些光荣先烈们的遗志和他们为之献身的目标，我们才有资格就此断言，他们的牺牲并非枉然。

上帝正在引导这个国家获取新生的自由，只有民有、民治、民享的政府才会永存于世。

第七章　把慈悲之心遍洒天下

　　1864年5月，为了立即结束内战，十二万二千人的大军在多次指挥北方联邦军击败南方军的格兰特将军率领下，横渡拉庇丹河准备彻底击败南方的军队。

　　在弗吉尼亚州北部的荒野里，李将军率领他的南方军迎战北方联军。那里遍布着起伏的山丘和沼地林，长满茂密的再生松树、橡树和灌木，树林茂密得钻不进美洲白尾灰兔。格兰特将军带领他的北方军与李将军率领的南方军就在这种凶险的地方展开了一场激烈的恶战，在战斗中双方的死伤人数多得惊人。战斗中还引发丛林突然起火，火焰吞噬了数百名伤兵。

　　战斗进行到第二天，感到浑身无力、具有钢铁般坚强意志的格兰特将军，从前线回到帐篷后累得突然哭泣起来。

　　可是以往在每一次战役的最紧要关头，无论战果如何，他都要下达这样的命令："给我进攻！进攻！"

　　南北双方的军队血战到第六天，他发了一封著名的电报给林肯总统："哪怕赔上整个夏季，我也要将这场战斗打到底。"

结果，这一仗不但整整一个夏季没能打完，而且还打到了整个秋季、整个冬季，并且一直打到了第二年春天。

格兰特军队的数量是敌军的两倍，况且他还能调用北方联邦政府提供的源源不断的兵力，但南方李将军率领军队的兵源和生活补给即将消耗殆尽。

当时格兰特就断定说："连摇篮里的小孩和垂死的老人都被叛军派上了用场。"他认为继续与叛军作战并逼迫其投降，是结束这场内战唯一也是最有效的办法。即使是用北方军的两个人换取南方军的一个人都无关紧要。格兰特的兵源不断，而李将军却没有。格兰特将军因此指挥军队继续拼命射击和屠杀南方军。

六个星期内，格兰特的军队损失人数高达五万四千九百二十六人，南方军在整个战争中所有的损失与这个数字相当。

北方军仅在冷港的战役中，损失的人数每小时就达到七千，比葛底斯堡战役三天内双方死亡的总人数还多一千人。

这么惨重的死伤代价给格兰特将军带来了什么呢？

格兰特很肯定地回答："任何成绩也没有。"

格兰特将军一生中所犯最严重的失误就是攻打冷港战役。南北双方长期内战的消耗导致军队的士气低落，军队险些发生叛变，他手下的军官甚至想要倒戈。

格兰特将军手下的一名团长形容说："三十六天里，出殡队每天不间断地从我身边经过。"

战争造成的大规模人员伤亡情况也让林肯伤心，但他清楚，除了继续战斗，没有其他可行的办法。所以他给格兰特发电报命令他"像斗犬一样死守不放"。接下来他又下令召集一至三年服役期的士兵五十万。

全国都对林肯的这一召集令感到震惊，再度将国民情绪推入绝望的深渊。

林肯身边的一位秘书在日记中写下这样的话："现在，黑暗、怀疑与沮丧的情绪笼罩着全国。"

1864年7月2日，国会通过了一项与《旧约》中希伯来哀歌一样内容的决议，要求每一个国民"忏悔自己的各种罪孽，而恳求上帝的同情和宽恕，请求世界的主宰者不要把我们这个民族毁灭掉"。

此时，北方和南方的人民都向林肯发出诅咒，把他说成是篡位者、叛徒、暴君、魔鬼以及妖怪。

有人甚至提出建议该把林肯杀死。有一天晚上，林肯骑马到"军人之家"总部时，一名刺客开枪射穿了他戴着的礼帽。

几个星期后，宾夕法尼亚州梅德维尔城一家旅馆的主人，在打扫房间时，发现一张写着"1864年8月13日亚伯·林肯中毒身亡"的纸条，而前一个晚上，一位名叫约翰·威尔克斯·布斯的著名演员住在这个房间里。

共和党曾在1864年的6月份提议由林肯继任总统。可时隔几个月，他们现在却为此而懊悔不已。党内几位元老都力劝林肯退位，而有些人则要求取消林肯的总统候选人提名重新进行选举，由一位得票最多的人当总统候选人。

林肯的密友奥维尔·布朗宁1864年7月在他的日记中也写道："现在国民需要的领袖应该更有能力。"

甚至连林肯自己也觉得希望破灭了，他的内心产生了放弃竞选连任的想法。因为他觉得自己在政治上失败了，他的将军在战争中也失败了，甚至连他的整个战略都是失败的。他的人民已对他不抱希望，他担心会就此瓦解联邦。

后来他在描述自己当时的心情时说："连天空都是灰色的。"

有一大群对林肯政策不满的共和党激进分子另行召开了一次党员大会，选举约翰·C·福利蒙为总统候选人，共和党自此出现分裂。

当时福利蒙如不退出竞选，获得这场竞选胜利的一定会是民主党候选人麦克莱伦将军，那样美国的历史就会是另一番模样了。

即便是在福利蒙退出竞选后，林肯的选票也仅比麦克莱伦多出二十万张。

尽管有这样的不利形势，林肯仍然竭尽全力地努力工作着，对那些尖酸刻薄的指责毫不理会。

他说："当我有一天不再掌权，这个世界上的每一个人如果都把我抛弃，至少还有一个深驻在我灵魂中的人会留下来。我并不在意一定要取得胜利，但我要尽量不做错什么，必须要遵从我的良知。"

疲惫而又沮丧的林肯，在那个时期经常躺在沙发上，阅读一本小《圣经》里的《约伯记》，借以安慰自己。

1864年夏天的林肯像变了一个人似的，三年前那个来自伊利诺伊草原的壮汉形象不见了。他一天天地减少脸上的笑容，皱纹却在逐渐加深，肩膀开始下垂，两颊凹陷。慢性消化不良的症状在他身上表现出来，两条腿冷冰冰的，失眠让他夜里无法入睡，神情凄惨。他对朋友们说："看来我永远也不能快乐起来了。"

著名的雕刻家奥古斯特·圣高丹斯看到1865年春天完成的林肯半身雕像后，还以为林肯的样子是死后雕成的，因为从林肯当时的脸上可以看到死亡的阴影。

艺术家卡本特曾经创作了《解放奴隶宣言》一画，他在白宫住过几个月，他在日记里写道："林肯总统在荒野战役开始后的第一个星期几乎一直在工作。有一天，我从家居部的大厅经过，看见他眼圈乌黑，头垂在胸前，在房间里焦虑地在走来走去。我看到他接连好几天一直是这样，忍不住眼泪就流了下来。"

有一天，林肯累得瘫倒在椅子上的情景被来访者发现了，人们呼喊他，但不应声的林肯头也不抬。

林肯后来回忆说："我的精力好像被那些访客用不停的手指挖走了。"

他对《汤姆叔叔的小屋》的作者斯陀夫人说，在他的有生之年，恐怕无法看到和平了。

林肯当时说："这场战争将会把我置于死地。"

朋友们曾劝林肯腾出一段时间去休养。他回答说："休假两三个星期对我一点用处也没有，因为我的思绪无法逃脱，甚至不知道都该做什么放松自己，我身上的忧虑怎么都驱赶不走。"

他的秘书说："寡妇和孤儿的哭声总是回响在林肯的耳畔。"

白宫每天都要接待那些为已判死刑的囚犯请求特赦的哭哭啼啼的母亲、妻子。这时，林肯无论多疲惫都会认真倾听她们的讲述，她们的请求他都会答应，因为林肯受不了女人的哭泣，尤其是看到她们怀里抱着婴儿的时候。

他说道："我希望在我死后，形容我的人会这样说：'他在每个能够开花的地方都拔除了荆棘，撒下了花籽。'"

林肯的做法让将军们破口大骂，国防部长斯坦顿大为光火，他们觉得慈悲将会影响军纪，林肯不应当插手军务。可是林肯对正规军的专制感到厌恶，他对长官们的残酷行为看不惯。他热爱那些从森林和农场走出来的能够打胜仗的志愿军，他认为他们和自己都是一样的人。

假如有人被判枪决是因为怯弱，林肯会谅解他，他说："如果是我自己上了战场，我相信，也有可能会弃枪逃亡。"

如果志愿军因为想家而逃走，他就会说："就算枪毙他，也不能阻止他想家啊。"

如果被判死刑的士兵是因为站岗时因疲惫而打瞌睡，林肯会说："没准这种情况我也会有。"

于是，林肯列出了长达数页的特赦名单。

有一次，他给米德将军发电报说："我不希望看到枪毙十八岁以下的男孩子。"而当时在联邦军队里至少有一百万的年轻人小于十八岁。有二十万人是十六岁以下的，有十万人是十五岁以下的。

在那个时期，林肯也会用幽默的语气颁布最严肃的命令。例如，他曾给上校发电报说："如果还没有枪毙巴尼·D，就请高抬贵手。"

林肯经常动容是因为他不忍心看到遭遇丧子之痛的母亲们。林肯平生最优美最著名的信是他在1864年11月21日写的。这封信的抄本被牛津大学挂在墙上作为"优美句法的典范"。

虽然这封信的形式是散文，但它的内容依然是一首能够引起人们共鸣的诗。

华盛顿总统官邸

1864年11月21日

致马萨诸塞州波士顿的毕克斯贝太太

亲爱的女士：

有一份麻省准将的报告是我从国防部的档案中看到的，从而得知您有五个儿子在战场上光荣牺牲了。您遭遇的损失太大了，我想安慰您又觉得没有任何语言能够表达清楚，因为这都是徒劳的。可是我还要代表您的儿子们为之献身的共和国向您表达敬意和感激之情，希望您以您的儿子们为荣。我祈求上帝减轻您的丧子之痛，保留您对逝去的儿子们的美好回忆，您在自由祭坛前享有的一切荣誉将会被后人永远珍惜。

林肯诚意敬上

有一天，诺亚·布鲁克斯把奥利佛·温德尔·福尔摩斯的一本诗集送给林肯。林肯朗读了其中的一首《莱辛顿》，当他读到"烈士们被安葬在绿野！他们没有寿衣和墓碑，只能就地安息"时，林肯的声音哽咽了，他把诗集还给布鲁克斯，低声说："你读吧，我读不下去了。"

几个月之后，他在白宫里把整首诗为朋友们一字不漏地背诵出来。

1864年4月5日，有位宾夕法尼亚州华盛顿郡的女孩给林肯寄来一封信。她说："我在经过漫长的担忧和犹豫之后，终于鼓起勇气，决定把我的烦恼讲述给您。"原来，她和男友已订婚多年，他从军之后，曾获得批准得以回家参加选举，而那次他们发生了"愚蠢的纵情"。现在"您若不可怜我们，他就无法请假回来与我结婚，而我们生的孩子就是非法的……我祈求上帝，希望您不要因为轻蔑我，而对这封信毫不理睬"。

林肯看完这封信，双眼模糊地注视着窗外，泪水轻轻地流下来。

他在信的末尾用笔写了一行批示，把信交给了斯坦顿，并说："无论如何，都要让他回到她的身边。"

1864年夏季的恐怖消失了，秋风送来了好消息，谢尔曼将军攻下大西洋城，正要通过佐治亚州。激烈的海战后，现在海军上将法拉古攻占了摩比湾，正在加紧封锁墨西哥湾。谢利丹将军在雪南道山谷也获得了一场辉煌的胜利。格兰特将军如今正计划攻打彼得堡和里士满，而李将军又要坚守城池，可是此时的南方邦联几乎到了穷途末路的地步。

北方军的士气随着一份份捷报日益高涨，这足以证明林肯的战略指挥是正确的，因而他在1864年11月获得连任。而林肯并不把胜利归功于自己。他说：显然，人民认为不能在此时"临阵换将"。

持续四年的南北战争，南方人却没有因此让林肯产生仇恨。他反复说："请不要对那些不必审判的事情做出审判。如果从对方的立场上考虑，可能我们也会那样去做。"

1865年2月，南方邦联已接近崩溃边缘，此时距李将军投降还有两个月。林肯建议联邦政府付出四亿美元的赎金解放南方各州的奴隶，因为遭到所有内阁成员的强烈反对，他只好把这个提议暂时放下。

1865年3月，林肯再次就任总统，此次就职时发表的演讲，被已故的牛津大学校长科松伯爵誉为"这种金玉良言是圣神而并非人类说出的"。

那天，林肯向前几步，亲吻了翻开到第五章的《圣经》，他的演说如同戏剧里的伟人那样魅力四射。

作家卡尔·舒兹说过："林肯的演说如同一首赞美诗，而从来就没有一位领袖曾这样发自肺腑地对他的人民说话。"

按照这个作家的看法，整个人类发出的最为高贵、最为美好的心声是林肯这次演说的结尾部分。人们阅读这篇演讲稿时，总能联想到圣洁的大教堂里的美妙琴音：

> 我们热切地祈求这场大浩劫一般的战争可以尽快结束，并对此抱有乐观的态度真诚希望。但如果上帝要继续这场战争，直到二百五十年来奴隶们无偿劳动所累积的财富被瓦解，直到皮鞭打出的每一滴鲜血得以用刀剑刺出的鲜血来偿还，那样我们就说："上帝做出的审判是完全公正的。"
>
> 我们用不着怨恨任何人，而要把慈悲之心遍洒天下，坚持正义，行事要遵从上帝的指引，为了完成我们的目标竭尽全力，把国家的伤口包扎起来，照料伤员、遗孤和寡妇，用尽我们所有的力量，追求国内和国际间永远的公正与和平。

两个月后，林肯的葬礼在斯普林菲尔德举行，仪式上再次宣读了这篇演讲稿。

第八章　宽容的受降仪式

　　1865年3月的下旬，弗吉尼亚州的里士满市出现一种反常的现象：一家绸缎店在出售南方邦联总统杰斐逊·戴维斯的夫人寄存的私产，她卖掉了拉车的马匹，把其他的行李和物品收拾起来准备南行——看来即将要发生重大的事件。

　　这时，南方邦联的首都里士满已被北方军队总司令格兰特将军的军队包围了长达九个月。而衣衫褴褛又饥饿不堪的南方李将军的军队，既无军粮也无军饷，好不容易领到点薪水却又是南方联盟发行的纸币，早已一文不值。那时，南方物价飞涨，货币贬值得厉害，要三美元才能买一杯咖啡，要五美元才能买一根木柴，高达一千美元才能买一桶面粉。

　　南方退出联邦政府的要求无法实现了，他们的奴隶制度行将结束。这一点李将军和他的手下们都清楚。这时，弃军私逃的南方军士兵已有十万。甚至一起收拾行李出走的还有整个军团。有人为了寻求希望和慰藉转向了宗教。军队的每个帐篷里天天都有人在祈祷，士兵们哭泣、喊叫，幻影出现在眼前，每次出战前全体南方军将士都会跪倒在地向上帝祷告。

如此虔诚地祈祷，依旧没能改变里士满已岌岌可危的现状。

1865年4月2日是星期天，南方军队总司令李将军下令采用坚壁清野的办法炸毁兵工厂，把码头上完工一半的船只毁掉，把城里的棉花和烟草库房也放火烧掉了。就在烈火还在黑暗之中熊熊燃烧的时候，他率领军队连夜逃出里士满城。

一逃出城，他们的后翼和两侧就遭到北方军的攻击，格兰特指挥着北方军七万二千人追击李将军的残部，迂回到李将军军队前面的谢利丹的骑兵把铁路拆掉，切断了南方军的补给线。

谢利丹在事成之后立即向陆军总部发电报报告："我想，如果形势如此继续发展，南方李将军就只能走投降这条路了。"

林肯回电说："那就继续让它这样发展下去！"

形势果然在朝着林肯他们预计的方向发展。格兰特率军追击八十英里后，终于把南方军团团围住。作为南方军队总司令的李将军知道，此时反抗是徒劳的。

与此同时，北方军队总司令格兰特将军头疼得厉害，两眼因劳累几乎半瞎了，他落在自己追击队伍的后面，在就近的一家农舍中休息，那是星期六傍晚。

他在回忆录中写道："那天晚上，我在农户家中，把芥末糊涂在手臂和颈背上，把脚泡在掺杂芥末的热水里，希望天亮后我的身体能稍有好转。"

第二天早上，格兰特将军的病果然得到好转。治愈他病症的不是芥末糊，而是一路狂奔而来的报信骑兵，因为他把李将军的求降书带来了。

格兰特在回忆录里写道："我的头当时还在疼痛，报信的军官走到我的身边。当我把信的内容读完，我的病马上就好了。"

那天下午，在一栋砖砌的小客室里，两位将军代表南北双方举行会谈。跟平时一样穿着的格兰特没带佩剑，穿着很脏的鞋子，制服和士兵一样，表明他将军身份的是肩上挂的三颗银星。

李将军佩戴镶有宝石的佩剑，戴的长手套上面缝有串珠，与格兰特形成强烈的对比。格兰特像一个密西西比的进城贩卖猪崽和猪皮的乡巴佬，而李将军则像高贵征服者从版画中走出来。格兰特为自己的外表第一次感到不好意思，他为自己在这样重大的事件里穿得不够庄重而向李将军道歉。

早在二十年前美国跟墨西哥打仗时，格兰特和李将军都是美国正规军官。他们开始回忆往事，说起在墨西哥边界过冬的"正规军"，也说到了他们打扑克牌到天明，他们还说到格兰特在演出《奥赛罗》时扮演女主角德丝底蒙娜的有趣往事。

格兰特回忆道："我们愉快地谈论着，几乎把我们此次会谈的目的忘记了。"

李将军最后谈到了投降的条件，格兰特草草答应了一声，接着又说起了二十年前，说起1845年冬天的圣诞节，在原野上狼群的悲嗥……

如果不是李将军再次提醒他谈投降事宜，也许格兰特将会这样回忆一个下午。

格兰特拿来纸和笔，草草写完了受降条件。受降的败兵没有像以往那样被解除武装后游街，征服者格兰特和李将军签署受降书时也没有出现围观场面，1781年结束独立战争时华盛顿要求举行约克镇英军屈辱投降的仪式也没有出现。当然，也没有其他报复行动。在过去的四年中，北方激进派一直要求以叛国罪绞死李将军和其他西点军校毕业的叛军军官，可格兰特写出的条件极为宽松。李将军手下军官们的武器获准可以保留，宣誓后的士兵可以返回家乡再度加入耕种的行列，或到农场或到棉花田都可以。

为什么要给叛军这么宽松的受降条件？因为是林肯亲自颁发了这些条件。

在弗吉尼亚州的小村庄里，终于结束了这场致使五十万人死亡的内战。这天下午举行受降仪式时，春天的空气中散发着紫丁花温馨的清香。

当天下午，林肯乘着"河上女王号"轮船返回华盛顿。他用好几个小时向朋友们朗读了莎翁的作品。其中读到《麦克白》中的以下一段：

这个叫邓肯的人躺在自己的墓穴里，
度过狂热的一生以后他得到了安息；
那些叛逆者最为恶毒的手已经放下，
他不再被内忧、外患及尖刀所伤害。

林肯读了一遍之后，对这几行诗深有感触。他的双目久久地凝望窗外，然后又大声朗读。

五天后，林肯遇刺身亡。

第九章 一生最大的悲剧

让我们回头看看发生在攻克里士满前的那件事。因为通过这件事我们可以看清这二十多年的家庭生活林肯究竟是怎样默默忍受的。

这件事发生在格兰特将军指挥部的附近。林肯夫妇被将军邀请到前线附近共度一周。

林肯夫妇当然非常高兴，因为林肯总统自从进入白宫几乎就没有休过假，他要被繁重的工作压垮了；而且他自己也很渴望摆脱那些求职者没完没了的纠缠。

他们就这样登上了"河上女王号"，航行在波多马克河上，在奇沙比克湾的低地穿过，又越过"安慰岬"，从詹姆士河逆流而上来到崎岬城。这时，高出水面二百英尺的一座石崖上，格兰特将军坐在那里抽着烟为战事发愁呢。

几天后，林肯总统的度假行列又加入了一大群从华盛顿赶来的名流，法国大使乔福洛先生也在其中。十二英里之外的"波多马克军"战线是客人们急于参观的地方，因此第二天一大早他们就向那里进发了，男人们骑着马走在前面，坐着半敞篷马车跟在后面的是林肯太太和格兰特太太。

奉命保护两位夫人安全的是格兰特的秘书兼副官亚当·巴锋将军。坐在马车前座的他，对事情发生的全部经过一清二楚，现在把他在《和平时的格兰特》一书中写的部分内容引述在下面：

在她们聊天时，我提到马上就要施行大的作战计划了，上级指示在前线的所有军官太太都要转移到后方。我对她们说，除了查理士·葛里芬将军的太太外，随军的任何女士都不许留下，因为林肯总统特许葛里芬太太留下。

我的话立刻遭到林肯太太的强烈抗议。她尖叫道："先生，你怎么这样说话？你是说她竟敢和总统单独见面？你应当知道，没有我的允许总统是不能和任何女人单独见面的。"

她有极强的占有欲。她伸手向前一把抓住了车夫，要求所有随行人员全部下马……

我马上为总统辩解，又说了些安抚她的话。可是这样反倒激怒了她。她嚷嚷道："先生，我不愿看到你阴险的笑容，我要下车去亲自问总统，他和那个女人是不是单独见过面。"

在华盛顿很出名的高雅贵妇葛里芬太太后来成了伊斯特海齐女伯爵，卡洛尔是她的本姓，她跟格兰特太太有很好的私交，格兰特太太无论怎样劝说总统夫人，都没有用。林肯太太再次命令我停车，我正犹豫不决时，她就用手去抢夺缰绳，幸好这时格兰特太太把她说服了，让她等一会儿。

当天晚上，回到营房后，格兰特太太在和我谈起这件事时，吩咐我们不要再提起它，起码我要保住这个秘密，而她只让格兰特将军一人知道了这事。可是第二天我再保守这个秘密就没必要了，因为后来还是发生了更为严重的事情。

次日早上，总统一行人为探访詹姆士军来到河的北面，奥德将军亲自指挥这个军。所有探访活动和前一天相仿。我们先是乘船逆流而上，然后男人们骑马走在前面，后面坐马车的是林肯太太和格兰特太太。依然由我奉命保护她们，因为有了上次的经验，这次我要求有人陪我，我希望马车上有两名军官，因此奉命加入我们这个行列的是荷瑞斯·波特上校。指挥官夫人奥德太太是陪着她丈夫来的，因此军队家属必须返家的这一命令她不必遵守。可我相信，还没等到那天过完，奥德太太就想尽早离开这里了。因为马车坐满了，奥德太太骑着马不得不偶尔走在林肯总统旁边。

这事被林肯太太知道后，马上就脾气发作。她大声说："那个女人到底是什么意思？怎么总是骑马走在总统旁边，她在我前面竟敢这样做，陪伴总统轮得到她吗？"

她的言辞和动作越来越激动、张狂。

格兰特太太想要安抚她，反而激怒了林肯太太。我和波特只好尽量控制住场面使其不至于恶化。因为我们担心她会对别人大喊大叫后跳下车子。

林肯夫人像疯了似的发怒，对着格兰特太太挑衅地说："我想你是不是以为自己会入主白宫？"格兰特太太表现得镇定且庄重，说自己现在的身份比期望的高出了很多，因此她很满意。可林肯太太却不依不饶地说道："嘿嘿，你是绝对不会轻易放弃那样机会的。你可是真会想啊！"然后她又大骂奥德太太。格兰特太太竟敢冒着惹怒总统夫人的危险，为自己的好友尽力辩护。

这次纠纷暂停之后，国务卿西华德的侄儿、奥德将军的幕僚军官西华德少校刚好骑马和马车并行，他为了把这个争执的话题引开想说几句笑话。他说："林肯太太，总统的马够风流的，总是和奥德太太的马在一起走。"

这可真是火上浇油！

林肯太太冲着西华德少校叫嚷道："先生，你说这话是什么意思？"

知道自己犯了大错的西华德少校，乖乖地跟在马车后面，离开了这场即将到来的风暴。

总统一行人到达目的地后，奥德太太来到马车旁边。林肯太太却当着众多人的面，用粗俗不堪的脏话羞辱她，说她穷追不舍跟在总统身边。奥德太太委屈得忍不住流下了眼泪，根本不知道自己究竟错在哪里。不肯罢休的林肯夫人又是好一阵胡闹，最后我们总算回到了崎岬城。

那天晚上，格兰特将军夫妇和将军的幕僚接受总统夫妇宴请而来到轮船上。当着大家的面，奥德将军又遭到林肯太太的责骂，她还催促林肯总统撤掉奥德将军。奥德将军不仅被她说成不称职，他太太还被说成不检点。格兰特将军坐在林肯的旁边尽力帮手下的军官说好话，当然也不可能撤换掉奥德将军。

在那次访问期间类似的场面曾反复出现。因为葛里芬太太以及奥德太太，林肯在军官们面前遭到自己夫人的一再攻击。看到身负国家重任、正在处理危机的国家元首，竟遭受如此难以形容的屈辱，我真心为总统感到委屈。但他却像基督一样容忍了，他那痛苦和悲哀的表情真是让人看了心碎，可林肯总统却显得庄重而安详。像平日一样仍叫她"大妈"，为了替他人解释和辩护，用哀求的眼光和语气对待她；而她则像只凶悍的母老虎一样对丈夫。林肯只好默默地走开，把他那张高贵而又丑陋的面孔隐藏起来，不让人们看见他那悲伤的神情。

曾经多次目睹这种情形的谢尔曼将军，在他的回忆录中写到了这些事情。

《玛丽·托德·林肯传》的作者荷诺·威尔西·莫罗在她的书中写道："随便你问任何一个美国人：'林肯夫人是怎样的女人？'回答你的人百分之九十九都肯定会把她说成是泼妇、祸根、下流的笨蛋，而且精神极为不正常。"

林肯一生最大的悲剧是迎娶了玛丽·托德，而不是被暗杀。

布斯开枪时，林肯还不知道是什么击中了自己；而在结婚后的二十三年里，"不幸婚姻的苦果"他几乎天天都在品尝。

巴锋将军回忆说："林肯不但在党派的仇恨与反叛者的斗争中承受着耶稣基督在十字架上那样的极度痛苦，而且还要不断经受来自他家庭的痛苦折磨。林肯自己也说过：'请上帝宽恕这些人吧。他们不知道自己在干什么。'"

伊利诺伊州参议员奥维尔·H·布朗宁与林肯总统成为好友已有二十多年了。林肯经常邀请布朗宁去白宫参加各种餐宴,他偶尔也在白宫过夜。他很详细地记录了白宫那段时期的一些往事,但他是如何描写林肯太太的,这一点大家只能瞎猜,因为他要求所有看原稿的人先要发誓,任何有损玛丽·林肯人格的内容绝不泄露。最近他要出售他的这些记录供人出版,但必须先删掉所有关于林肯太太的资料是他提出的附带条件。

按照惯例,白宫在举行公开接待舞会时,总统绕场跳舞要选择妻子以外的女士。可这些惯例和传统却让林肯太太无法接受,她不许林肯这样做。在她面前允许别的女人挽着总统的手臂?谁都别想!

华盛顿社交界的一大笑料是她的一意孤行。

林肯在参加公开接待舞会之前,必须先向他善妒的妻子请教谁可以和他说话。很多女人会被林肯夫人提到,她不是厌恶这个,就是憎恨那个。

无可奈何的林肯只能说:"大妈,你总得让我跟人说话吧。我总不能像傻瓜似的,一直站着不吱声吧。如果你数不清不允许和我说话的人,那就请告诉我可以和谁说话。"

林肯必须得按照她的要求做才行。有一次,她威胁林肯,如果某一个军官不能得到提升,她就要躺倒在泥地里在众人面前打滚给他看。

有一次,林肯正在接受重要的访谈,玛丽不顾一切地冲进办公室,滔滔不绝地说起来没完。林肯并没有接话,只是静静地站起来，走过去拉着她的手把她带出房间，回头把办公室的门锁上，就像什么事都没发生一样继续工作。

林肯夫人玛丽曾听一个"巫师"说，林肯的前世仇人当中包括所有的内阁成员，这种鬼话也会让她相信。然而，她对她丈夫的内阁成员没有好感才是真正的原因。

在南方李将军投降后，格兰特夫妇来到华盛顿。格兰特将军受林肯太太邀请与他们夫妇一同乘车兜风，但是格兰特太太却没有受到邀请。不过，林肯太太几天后邀请格兰特夫妇和斯坦顿夫妇，在总统包厢里一起欣赏戏剧。

收到请帖之后斯坦顿太太马上去找格兰特太太商量，问她是否前往。斯坦顿太太说："除非你也去，否则我是不会去的，我可不愿和林肯夫人待在一个包厢里。"

格兰特夫人不敢单独前往。因为她知道当格兰特将军走进剧院包厢时，在场的观众一定会喝彩鼓掌以表示对他们的欢迎。谁知道到那个时候林肯夫人又会做出怎样的反应呢？也许这个泼妇又会闹出不可预料的事情，让大家既丢脸又伤感情。

因此，第一夫人的这一邀请，被格兰特夫人和斯坦顿夫人同时婉言谢绝了。而她们的这种做法，或许恰巧挽救了她们丈夫的性命。因为就在当天晚上，总统林肯在包厢里被那个三流演员布斯刺杀了，斯坦顿和格兰特如果当晚在场，说不定他们也有可能会被那家伙一并射杀。

第十章　福特剧院的暗杀

　　1863年，一个计划暗杀林肯的秘密组织由弗吉尼亚州的一些蓄奴的大奴隶主们组建起来。1864年的12月份，在亚拉巴马州西尔玛城公开发行的一张报纸竟然刊出广告悬赏暗杀林肯，为支持这一暗杀行动号召民众捐款。除此之外，宣布将为同一个目标提供大笔基金的还有南方邦联旗下的报纸。

　　可是，凶手约翰·威尔克斯·布斯刺杀林肯的原因既不是因为他热爱南方家乡，也不是经济利益的驱使，而他的变态理由仅仅是为了让自己出名。

　　这个布斯只不过是个演员，他的外表英俊，对女人来讲有着非凡魅力。林肯的秘书们形容他是"所有女人喜爱的宠儿，像月亮女神的心爱人一样帅气"。弗朗西斯·威尔逊在《布斯传》中写道："他在女性心目中是这个世界上少有的大众情人，当他出现在大街上，那些停下脚步，情不自禁地回过头来失神地盯着他看的都是女性。"

　　布斯成为剧场戏中的偶像人物时年仅二十三岁，罗密欧是他最喜欢表演的角色。不管他的演出在什么场所进行，那些多情少女总会把写满甜言蜜语的情书寄给他。有一次，他去波士顿演出，为了一睹心目中情人的样子，那里的妇女成群地挤在特里蒙宾馆前的街上。

爱争风吃醋的女演员亨莉塔·阿尔文是他的情妇，因为其他女人的爱慕，有一天晚上，她竟然在他们睡觉的旅馆房间里捅了他一刀，之后还想为他殉情自杀。

在布斯枪杀林肯的第二天早上，有位名叫爱拉·托纳的妓女在华盛顿听说杀人凶手是自己的情人，万分伤心的她服毒自杀了，死前她还把他的照片贴在了自己的胸前。

可是，布斯在生活中并没有因为得到众多女性的宠爱而感到快乐，因为那时他的观众只是些层次较低的人群，而要赢得大都会上流社会观众的欣赏才是他的最高目标。

然而，他却无法受到上流人士聚集的纽约那些戏剧批评家们的重视。甚至当他在费城演出时还被那里的观众赶下过舞台。

他家里的其他成员更让布斯生气，他们在戏剧舞台上比他更受欢迎。父亲朱尼斯·布鲁特斯·布斯作为一流的戏剧明星，三十多年来一直活跃在美国的舞台上，全国民众都赞赏他演出莎翁名剧的演技。他父亲的声望，在美国舞台史上没有谁能比得了。老布斯也一心想培育爱子接班，因此，布斯也曾对自己有过较高的期望。

然而，布斯并没有在表演上展示出太多才华，也没有完全发挥身上仅有的那点才气。英俊又骄纵的他在学习方面很懒惰。他在少年时期喜欢骑马，整天奔驰在马里兰农场的森林里，对树木和松鼠发表他的英雄演说，用一根曾在墨西哥战争中用过的旧矛胡乱刺向空中。

老布斯先生告诫家人不准吃肉食，也不许儿子们杀生，就连杀响尾蛇也不行。可是父亲那一套小布斯根本听不进去。他更喜欢打猎和杀生，有时候奴隶们养的猫和狗会成为他枪杀的对象，有一次，他还把邻居养的一头母猪杀掉了。

后来，他去了奇沙比克湾当海盗，然后又摇身一变成了一名演员。他在二十六岁时成了女中学生们追逐的偶像，但这并没有让他觉得满足。布斯十分嫉妒哥哥爱德温获得了他期待已久的盛名。

经过一番苦思冥想，他决定做出一件能让自己一夜成名的事情。

最初他的计划是，要在某一天晚上跟踪林肯去剧院，等他的同谋者把瓦斯灯灭掉之后，他就冲进总统包厢，用绳子捆住林肯，再把他扔到下面的舞台，然后带林肯从后面出去，趁夜色逃走。

之后，他准备在天亮前抵达烟草港旧城，再从宽广的波多马克河上划船向南穿过弗吉尼亚州到达里士满，把林肯交到南方军手里。

做完这些事情后，南方军就可以有充分的条件结束这场战争。而一切功绩都将归于他这位才子约翰·威尔克斯·布斯。这样，他就能获得比他的哥哥爱德温更大的名声，而且会远远超过他，不仅抗暴英雄"威廉泰尔"的美誉属于他，他的英名还会被载入史册。这就是他的梦想。

为此，剧场里一年两万美元的高收入竟然被他放弃了。对他来说有意义的并非金钱，他需要比物质更重要的东西。他花费所有积蓄，在巴尔的摩和华盛顿的南方同情者中找到同伙，在他的资助下建立起一个组织。布斯还许诺说他们每个人不但会发财还能成名。

布斯带着这种草台班子，却要做一件大事。他花费了大量时间和金钱策划细节。他买了一副手铐，并为快马换班选择出最佳地点。他又买下了三艘船，专门停靠在烟草港溪等待时机，为随时登船还准备了船桨和划手。

1865年1月，终于到了他坚信的这一伟大时刻。1月18日，爱德温·福瑞斯特·布斯在福特剧院主演"杰克·凯德"，届时林肯将前去观看演出，布斯当然知道这个消息。那天晚上，他带着绳子徘徊在附近，内心满怀希望能遇到林肯，可是他却始终没有出现。

两个月后的某天，布斯得到消息，说林肯下午要出城，坐车到附近的军营看戏剧表演，于是布斯又和他的同谋者带着猎刀和左轮枪，骑着马来到马车要路过的地方埋伏下来。然而在白宫的马车上却没见到林肯。

再度受挫的布斯气得诅咒发誓，用力拉扯自己的黑胡须，拿马鞭抽打皮靴。他不想再受挫折，受够了。既然抓不到林肯，那就杀了他!

第三篇
人生落幕

李将军几周后投降了，结束了南北战争。布斯知道这时绑架总统已失去意义，于是他又决定刺杀林肯。

这次并没有让布斯等待很久。有一次他因要去理发到福特剧院取东西时，听说晚间的演出会给总统留有一个包厢。

布斯大声说："什么？今天晚上那个老家伙要来这儿？"

布斯买通一个正在做演出前准备工作的舞台工人，叫这名工人将一把椅子摆放在包厢最靠近观众的一角，这样就不会有人看见他进场了。在摇椅后面的内门他挖出一个小洞，又在特等座通往包厢门后面的灰泥上挖了一个缺口，通道被他用木板拦住。一切准备好后，布斯回旅馆写了一封信给《国民通讯报》，表明他"策划暗杀是出于爱国"，后代子孙将会尊崇他的行为。之后，他把这封签了名的信交给一位演员，叮嘱他次日寄出去。

然后，他在一家马车出租行租了一匹号称"健步如猫"的栗色小母马，然后便把刺客们召集到一起。他发给阿切罗特一支枪，让他负责射击副总统，又交给包威尔一把手枪和一把刀，让他负责杀死西华德。

1865的4月14日是复活节前的星期五，这一天的夜晚是一年当中最不适合看戏的。然而，仍然有很多想一睹林肯总统风采的军官和士兵挤满了城区，而且人们还沉浸在庆祝战争结束的喜悦气氛中，还没有拆除宾夕法尼亚州大道上的凯旋门。当晚，总统去福特剧院，乘车行进在大街上，举着火炬跳舞的人们兴高采烈地向总统欢呼。有数百人因为福特剧院早已客满，只好失望地回家了。

晚上8点40分，总统一行人在第一幕戏的中间走进剧场。向总统致敬的不仅有全体演员，还有衣着华丽的观众也一齐欢呼。管弦乐团演奏起《领袖万岁》，林肯鞠躬答礼后，把外套尾部撩开，在覆盖着红布的胡桃木摇椅上坐下。

林肯太太请来的客人、宪兵司令部的拉斯彭少校和他的未婚妻坐在她右边的位置上，这位克拉拉·H·哈里斯小姐是纽约参议员伊拉·哈里斯的女儿。在华盛顿社交界她还只是一位新人，她的身份正好符合挑剔的林肯夫人的要求。

当天那场著名喜剧《我们的美国表亲》是罗拉·基恩的最后一次演出。场面既热烈又欢快，以致阵阵笑声从观众席上不断传来。

林肯和太太曾在那天下午兜风许久。她事后回忆说，多年来，那是林肯过得最快乐的一天。这是因为和平、胜利、团结、自由，全都到来了。那天林肯跟玛丽谈起他在第二任总统届满离开白宫后的计划：他们首先要到欧洲或加利福尼亚州好好休息一段时间，然后也许会在芝加哥开一家律师事务所；不然就回到斯普林菲尔德，在草原上度过晚年，在那里做他一直喜爱的巡回办案。那天下午，林肯在白宫接待几位来自伊利诺伊州的老朋友，和他们谈得兴高采烈，林肯太太叫他吃饭他都差点没听到。

前一个晚上，林肯做的一个梦很奇怪。他在第二天早上讲给内阁成员听："好像我在一艘无法形容的奇怪船上，向着黑暗而模糊的岸边急速行驶。这种不寻常的梦在每次大事发生前或胜利之前，我都做过。安蒂坦之役、石河之役、葛底斯堡之役、维克斯堡之役前也都做过这样的梦。"

　　他相信这是个吉祥的预兆，预示着将发生好事或者有好消息传来。

　　10点10分，满脸通红的布斯喝过威士忌，穿着黑色马裤、皮靴，带着一根马刺，走进剧场最后一次仔细地查看总统的位置。

　　他把一顶黑色垂边帽拿在手里，从通往特别包厢的楼梯上去，再从一条摆满椅子的甬道挤过去，来到包厢外面的走廊上。

　　布斯被一名总统卫兵拦住。他说是总统要见他，镇定地出示了一张身份卡。他没等批准便推开走廊的门走进去，然后把门立即关上，从乐谱架上拿了一根木棍顶上房门。

　　他通过总统包厢后面那扇门上之前挖好的小孔，观察并计算好距离，然后悄悄地推开门，将手枪的枪口对准林肯的脑袋，扳动了扳机，然后迅速地跳到下面的舞台上。

　　林肯的脑袋应着枪声向前垂下，然后歪向一旁，身子瘫在了椅子里。

　　他都没有发出一点声音。

　　开始观众还以为枪声和跳上舞台的动作是整个剧情的一部分。包括演员也是这样想的，没有人想到是有人暗杀了总统。

　　剧场突然响起女人的一串尖叫声，观众都向总统包厢望去。拉斯彭少校举着一只鲜血淋漓的手臂大声叫道："快！把那个人拦住！他杀了总统！"

　　现场有几秒钟的肃静，只见从总统包厢飘出一缕烟雾。

　　悬疑打破了，突然一阵巨大的恐怖和疯狂的刺激驱使着观众，人们冲出座位，把椅子推开，翻过栏杆。他们都想挤上舞台，于是拉下别人，把老弱踩在地上，甚至有人骨头被踩断了，尖叫的女人晕倒在地，痛苦的叫声和狂呼声夹杂在一起："吊死他！"……"枪毙他！"……"把剧院烧掉！"……

有人叫喊剧场会爆炸。恐怖的气氛弥漫在剧场里。迅速冲进剧场的一群士兵，一边用刺刀攻击观众，一边喊着："出去！快给我滚出去！"

为总统检查伤势的一位医生，发现林肯的生命有危险。为了不让生命垂危的林肯在石子路上遭受颠簸，四名军人抬起他，两人抬肩膀，两人抬脚，抬着他瘦长的身体走出了剧院，上了大街。人行道被林肯的伤口滴下来的鲜血染红了。有个跪在地上的人，拿手帕去沾染这血，这手帕被他终生保存着，临死时传给了自己的子孙，更是当作无价珍宝。

手持闪亮军刀的骑兵清理道路，虚弱的总统被士兵小心地扛着走过街道，他们来到一位裁缝开的廉价出租旅店，在一张不够长的凹床上斜放下总统那瘦长的身体，然后抬起床挪到昏黄的煤气灯旁。

那间长约九英尺，宽十七英尺的厅堂里，一幅罗莎·彭胡画的"马展"的廉价复制品挂在床头。

悲伤的消息潮水般迅速淹没了华盛顿，紧随其后又发生了另一件惨案：国务卿西华德在林肯遇刺的同一时间在床上被刺，同样生命垂危。伴随着这两件不祥的祸事，四处流传着被暗杀的还有副总统安德鲁·约翰逊以及斯坦顿，格兰特将军也遭到枪击的谣言……这一切弄得人心惶惶。

这时，人们认为李将军用投降的手段设下了骗局，南方军已经潜入华盛顿，打算一举消灭联邦的所有政要，南方邦联又开始备战了，又要开始比以前更惨烈的战争了。

华盛顿所有的住宅区被神秘的使者跑遍了，他们在人行道上三次两短声地敲锣，这是在发送"联邦同盟"秘密组织设定的危险信号，成员们听到信号声惊醒过来，疯狂地抓起步枪跑上街头。

城市每个角落都被拿着火把和绳索的暴民占据了，他们大声号叫道："把剧院烧掉！"……"把叛徒吊死！"……"把反贼杀掉！"

美国的夜晚从来没有如此疯狂过。

电报发出后，顿时全国处于一片混乱之中。人们把柏油涂在南方的同情者和同路人的身上，还粘上羽毛，并把他们圈在围栏里，用铺路石把他们中的一些人砸得头破血流。民众认为布斯的照片被藏在巴尔的摩的照相馆内，于是照相馆遭到大肆破坏。在马里兰，人们还把一位谩骂过林肯的编辑枪杀了。

总统快要死了，烂醉的副总统安德鲁·约翰逊却倒在床上，头发上还粘着烂泥。国务卿西华德也遇刺，生命垂危。脾气暴躁的国防部长爱德华·M·斯坦顿立刻掌握了国家大权。

斯坦顿认为凶手谋杀的对象是政府所有的高官。激动不已的他坐在垂危的总统床边，接连发出加强戒备、全力追捕凶手的命令。

　　布斯发射的子弹斜穿林肯大脑左耳的下方，在距离右眼半英寸的地方停下。如果是体力较弱的人当场就必死无疑，然而林肯却坚持了九个小时，他一直在重重地呻吟着。

　　被拦阻在隔壁房间里的林肯太太不能出来，她不停要求去看林肯，边哭边叫道："上帝啊，难道我只能就这样等待丈夫死掉吗？"

　　有一次，她抚摸着林肯的面庞，将满是泪水的脸颊贴在他的脸上。他突然开始呻吟，发出比之前更响的喘息声。心绪烦乱的林肯太太尖叫一声，向后退去，晕倒在地上。

　　闻声立即冲进房间的斯坦顿大声喊道："带走那个女人，不许她再进来。"

　　1865年4月15日上午7点刚过，林肯的呻吟声停止了，呼吸也渐渐平稳下来。在场的一位秘书回忆说："难以形容的平静表情浮现在他那疲惫而憔悴的五官上面。"

　　偶尔会有一丝意识闪过他的脑海，但随后又消失得无影无踪了。

　　他在最后的时刻是平静的，可能曾有断断续续的快乐回忆浮现在他的心头，那些画面都是消失已久的：在印第安纳州鹿角山谷里的一间敞篷木屋里，晚上柴火烧得很旺，在纽沙勒镇山嘉蒙河水从坝上流过；在纺车边唱歌的是安妮·鲁勒吉；爱驹"老公鹿"为求食在嘶鸣；在讲着口吃法官故事的是奥兰多·凯洛格；墨水印迹留在斯普林菲尔德律师事务所的墙上，书架顶上的花籽冒出了花芽……

　　林肯在死神手中挣扎的几个小时里，在总统身边的军医利尔医生一直握着他的手。7点22分，林肯手上的脉搏再也没有了，医生将他的手叠起，将两枚五十美分的硬币放置在他的眼皮上，让它们闭合，又用手帕绑好他的下巴。在一位教士的提议下大家开始做祷告。屋顶上的雨水在流着，发出滴滴答答的声音，总统的面孔被巴尼斯将军用一条布单盖上。为了不让黎明的光线透进来，斯坦顿哭着拉下百叶窗，他那个晚上讲了唯一一句令人难忘的话："他现在属于千秋万代。"

　　第二天，小泰德在白宫问来访的客人，他父亲是否真的上了天堂。对方答道："我相信这是真的。"

　　泰德说："我很庆幸他走了，这里不适合他，因为他在这里一直没有快乐。"

尾声

巨大的悲伤和永远的怀念

拖着林肯遗体的灵车到了伊利诺伊州，夹道致哀的民众成千上万。灵车包着白色的丝绸，和拉灵车的马一样，运送林肯遗体的火车也被一块点缀着银星的大黑毯盖住。

火车冒着蒸汽向北前行，铁道两边聚集了越来越多的民众，越来越悲伤的表情显现在他们的脸上。

火车在到达费城车站之前，缓慢地穿过密密麻麻前来哀悼的人群，绵延长达几英里，在驶入市区之后，又有成千上万悲伤的人们挤上街头。三英里长的哀悼队伍从独立大厅向外延伸。他们用十个小时一步一步地挪动向前，只是为了用一秒钟瞻仰林肯总统的遗容。独立大厅在星期六半夜就要关门了，可是久久不愿离去的哀悼者却整夜地留在原地。星期日凌晨3点时，前来悼念的人更多了，有些年轻人甚至把他们所排到的位子用十美元的价格出售。

维持交通秩序的士兵和骑警尽量避免因人多而带来的交通阻塞。几百名女性在吊唁的过程中因疲劳晕倒在地。奋力维持秩序的队伍里有那些曾参加过葛底斯堡战役的市民，就连他们当中强壮的人也有被累倒的。

预定在纽约举行林肯的丧礼。在丧礼开始前的二十四小时里，游览列车日夜不停地运载着纽约市有史以来最大规模的人潮开进城内。人们很快就把纽约市所有旅社住满了，于是，私人住宅也涌进了人，公园和轮船码头甚至也成为人们抢占的栖身之地。

次日，也就是林肯丧礼的那天，自由黑人驾驭着十六匹白马，拉着灵车走在百老汇大街上。伤心欲绝的女人们在灵车前沿路抛撒花朵，十六万送葬的群众跟在后面，他们手拿旗帜摇摆着，旗上写着"悲伤，遗憾！"……"安静，要知道我是上帝。"

互相拥挤的群众有五十多万人，他们都想加入到这长长的送葬队伍里。要事先交纳十美元的租金，才能在纽约租到面向百老汇大街二楼窗口的一个座位，为尽量容纳更多前来看林肯葬礼的人，那些狭窄的窗子全都被取了下来。

身穿白色长袍的唱诗班站在街道旁的一角列队唱圣诗，整齐划一的乐队一边行进一边奏哀乐，每隔一分钟就有一百门大炮朝城市上空放响一次。

在纽约市政大厅停放林肯的棺材旁，自由了的美国群众不停地啜泣，不少人跟死者低声地说话，还有人想上前去抚摸林肯的遗容。趁卫兵不注意时，有一位女士迅速低头吻了林肯的遗体。

星期二中午时分，合上林肯的棺材后，未能瞻仰到林肯遗容的成千上万人匆忙乘车西行，赶往灵车将要停留的另外几处。林肯的灵车到达斯普林菲尔德之前，丧钟和礼炮始终包围着他的家乡，常青藤和鲜花做成的拱门在白天到处都是，包括孩子们挥舞旗帜的山坡上也是如此；到了晚上，照明的火炬和焰火把大半个北美大陆都照亮了。

林肯的突然遇害让疯狂的悲伤笼罩了刚刚统一起来的美国。有史以来在美国从未出现过如此盛大的葬礼：因过度悲伤而疲劳到精神崩溃的人举国可见。甚至有个纽约青年用剃刀割断喉管，喊道："我要去陪伴亚伯拉罕·林肯！"

发生林肯被暗杀事件四十八小时后，赶到华盛顿的来自林肯家乡斯普林菲尔德的一个代表团，恳求林肯太太将林肯葬到他的家乡去。这遭到林肯太太的严厉拒绝，因为她几乎没有朋友在斯普林菲尔德。那里虽说住着她的三个姊妹，可其中的两位令她讨厌，她又瞧不上另外一位，再说她对斯普林菲尔德这个小地方感觉不是很好。

她对她的黑人裁缝说："上帝啊！我告诉你伊丽莎白，我永远也不会回到斯普林菲尔德！"她按照自己的计划想把林肯葬在芝加哥，或安葬在国会议堂原先为乔治·华盛顿建造的那座坟墓里。

然而，她还是没能经受住大家七天的苦苦哀求，最终同意将林肯的遗体送回家乡斯普林菲尔德进行安葬。因为有一笔公共基金已被林肯家乡的小镇筹募到，他们买下一块有四条街廊的土地作为林肯的陵墓。林肯家乡所在地那个州议会为把那里整理成一个陵园，派出工人日夜加紧施工。

5月4日清晨，当林肯的灵车开到家乡所在的城里时，工人们已经修建好了他的陵园，聚在一起的林肯生前的几千名老友，正要为他举行葬礼仪式。突然间林肯太太脾气发作，要推翻原定的计划，不让在已建好的坟墓里安葬林肯的遗体，而要在两英里之外一片树林中的橡树岭公墓将其下葬。

她决定的事不能做任何更改，所有的事情都只能符合她的意思；否则，她就要采取强硬手段将林肯的遗体带回华盛顿。她极其荒谬的反对理由，是因为在斯普林菲尔德中央的"马瑟街"修建了林肯的坟墓，可是马瑟家族一向被林肯太太瞧不起。马瑟家族里有人在几年前得罪过她，现在，仍旧忘不了旧恨的她，坚决不同意在马瑟家族的人染指过的地方安葬林肯的遗体。

"对任何人不要怨恨""在天下广布慈悲之心"的林肯和这个女人，二十多年生活在同一个屋檐下。可是性格上的固执因素，使她没能从丈夫林肯那里学得一星半点慈悲，依然冥顽不化。

到中午11点钟时，人们又从墓地取出林肯的遗体，搬到橡岭公墓的一个公共灵堂里去。在灵柩前面骑着马为林肯的灵车开道的是"斗士"乔·胡克，林肯的爱马"老公鹿"跟在灵车后面，它身上披着绣有"老亚伯的爱驹"等字样的红、白、蓝三色毯子。

林肯的爱马"老公鹿"回到马厩时，身上的毯子早已找不到一块碎片了：为了争夺纪念品，给林肯送葬的人们把它剥得精光。林肯灵柩上的披棺布遭到他们像秃鹰一般的竞相抢夺，直到带着刺刀的士兵将他们赶开为止。

林肯被暗杀之后的整整五个星期，林肯太太躺在白宫一直痛哭，昼夜在房间里不愿离开。

在那些悲痛的日子里，一直守在她身边的人是伊丽莎白·凯克莱。伊丽莎白后来在回忆中写道：

我永远忘不了那个令人心碎的场面和她的尖叫、恐怖的抽搐和发自灵魂深处的哀号。我尽力安抚她的情绪，用冷水为林肯太太洗头。

跟他的母亲一样悲哀的还有林肯的儿子泰德，可他母亲情绪失控时的样子是那么恐怖，把这个小男孩吓得再不敢出声。

懂事的泰德听见母亲的哭声，在那些令人心碎的深夜会常常穿着白色睡衣从床上爬下来，跑到母亲床边说："妈妈，别哭！你哭我睡不着！要知道，其实爸爸到天堂去了。他在那里非常快乐。因为那里还有上帝和哥哥威利，他们会在一起的。妈妈，别哭，要不我也要哭了。"

由于种种原因，林肯的遗体曾被移动过多达十七次。现在，他的棺椁在坟墓地板下六英尺深的一个钢铁和水泥大球里安放着，这次放进去的时间是在1901年9月26日。

开棺的那天，人们最后一次俯视林肯的面孔。据当时看过林肯遗容的人说，看起来林肯十分自然。由于涂油工作做得很好，虽然他已去世三十六年之久，但除了脸色稍微黑了一点，黑领结一侧有点发霉之外，看上去和生前变化并不大。